개정판

Cocktail & Bartender

최신 조주기능사와 NCS 개발내용을 담은

칵테일&바텐더

원홍석 저
성중용 감수

백산출판사

추천사

칵테일과 바텐더를 말하다

음료는 오랜 세월 동안 우리를 지켜준 것으로 인간과
는 뗄 수 없는 정말 소중한 보석과도 같은 존재입니다.
그 중에서도 알코올 음료(술)는 마법의 액체로 인간의
희로애락과 함께하며 서양에서는 하나의 문화로 자리잡
고 있습니다. 우리나라도 경제가 풍족해지면서 다양한
외국의 술을 수입하고 이제는 술과 관련된 문화도 만들
어 나가고 있습니다.

과거 우리가 알고 있는 술은 구전이나 대중매체를 통해 간접적으로 경험하였고
술과 관련된 서적이나 교육기관은 손으로 꼽을 정도로 미미했습니다. 그나마 제
가 일하고 있는 월드클래스아카데미의 전신인 한국칵테일아카데미(KCA)가 1989
년에 개원하면서 올바른 술 문화와 칵테일의 보급을 선도하며 대중화에 앞장섰습
니다.

한 잔의 칵테일이 각기 다른 사람들을 하나로 만들어주는 매개체로 사랑을 받
으면서 서서히 칵테일 문화를 만들었고 다양한 스타일의 Bar들이 생겨났습니다.
동시에 바텐더의 수요가 늘어나면서 전문학교 및 대학에서 음료를 전문적으로 가
르치는 바텐더학과가 만들어졌습니다. 특히, 술과 칵테일 관련 서적이 출간되면서
다양한 유형의 책들이 많아졌고 바텐더들이 공부하기에 좋은 조건이 되었습니다
만, 제대로 내용을 갖춘 서적을 찾기 어려웠습니다.

바텐더들은 19세기 말을 칵테일의 황금기로 알고 있습니다. 그 이유는 유명한
바텐더들이 활동을 하였고 칵테일 관련 서적들이 만들어져 지금까지 이어져 오고
있기 때문입니다. 2010년 이후 제2의 칵테일의 황금기라고 하는 이 시대에 바텐더

들이 새로운 지식과 기술, 재료, 서비스를 원하고 있으며 그에 발맞출 만한 지침서가 필요합니다.

원홍석 교수가 만든 이 서적은 단순히 지식만을 전달하는 것이 아니라 바텐더의 철학, 칵테일 문화, 현장에서의 경험과 학생들을 교육하면서 필요하다고 생각한 모든 것을 담았기에 바텐더를 꿈꾸는 젊은이들과 현장에서 근무하는 바텐더들에게도 도움을 주는 귀중한 자료입니다. 이 책을 저술한 원홍석 교수에게 무한한 감사를 전하며 'Cocktail & Bartender'를 읽는 모든 분들에게 행운과 건강이 함께 하기를 바랍니다.

디아지오 코리아 월드클래스아카데미 원장

성중용 *Akira Sung*

개정판을 준비하며

사회에 첫발을 내딛고 내 일터에서의 첫 서비스는 바로 고객에게 제공하는 음료서비스였습니다.

입사 후 처음으로 배운 칵테일 Mai-Tai부터 지금까지 많은 사랑을 받고 있는 Mojito에 이르기까지 다양한 음료를 통하여 고객과 커뮤니케이션을 이어갔습니다.

비록 많이 부족하지만 지난 16년간 학생들에게 칵테일, 와인 등의 음료를 가르치고 바 업계에 바텐더, 소믈리에를 배출하고 있습니다.

양적, 질적으로 큰 성장을 하고 있는 우리나라 BAR 산업을 지켜보면서, 현재 내가 하고 있는 예비 바텐더와 소믈리에 양성이라는 일에 대한 자부심과 동시에 무게감과 책임감을 느끼고 있습니다.

최근 몇 년간 우리나라의 BAR 업계에는 매우 큰 변화를 보이고 있습니다.

많은 새로운 BAR들이 오픈을 하고, 너무나 다양한 진, 럼, 보드카, 데킬라, 위스키, 버무스, 비터 등이 국내에 선을 보이고, 주류는 물론 칵테일과 관련한 다양한 클래스들이 진행되고 있습니다. 이로 인하여 현업에 종사하는 많은 바텐더들의 수준이 과거에 비해 상당히 높아지고 있는 것이 현실입니다.

이러한 시점에 BAR 관련 업계에 몸담고 있는 한 사람으로서 느껴왔던 아쉬움 가운데 하나가 우리나라에서 출판되는 칵테일 책들이 지나치게 자격증 취득만을 위한 내용이거나 칵테일 레시피들만으로 구성되어 있는 부분이었습니다.

물론 한 권의 책에 담을 수 있는 현실적인 한계는 있지만 칵테일과 바텐더에 관심이 있는 일반인들은 물론 현장에서 일하는 바텐더들에게 음료, 특히 주류와 칵테일에 대해 전반적인 기본을 다질 수 있는 한 권의 책을 만들어보고자 노력하였습니다.

물론, 칵테일의 기본이라 할 수 있는 조주기능사 자격증 취득을 위한 이론적인 내용과 실기 레시피 등 자격증 취득 요령에 대한 내용도 다루었습니다.

본 교재는 2014년도부터 조주기능사 자격증 실기시험에 최초로 새롭게 추가되는 5가지의 전통주 베이스 칵테일은 물론 기존의 칵테일 관련 서적에서 아쉬웠던 다음의 콘텐츠에 대하여 특별히 초점을 두어 담아보았습니다.

1. 국가직무능력표준(NCS)에서 개발된 바텐더 직무능력 9가지에 대한 소개
   - 위생관리 (바 청결 관리, 바 기물 위생관리, 개인위생관리)
   - 음료특성분석 (음료 분류, 음료 특성파악, 음료 활용)
   - 칵테일조주 (칵테일 기본지식습득, 칵테일 기법, 칵테일 조주, 칵테일 관능평가)
   - 고객 서비스 (고객 응대, 주문 서비스, 다양한 편익 제공)
   - 바(bar)관리 (바 시설 관리, 바 기구 & 글라스 관리, 음료 관리)
   - 메뉴개발 (표준 레시피 만들기, 기획 메뉴 만들기, 주문형 메뉴 만들기)
   - 바(bar)마케팅 (음료 트렌드 분석, 바의 유형별 특성 분류, 음료 판매전략)
   - 바(bar)운영 (직원 관리, 원가분석, 영업실적 분석)
   - 바텐더 외국어 사용 (기초 외국어, 바 전문용어, 비즈니스 외국어 사용)
2. 조주기능사 실기품목에 처음으로 도입된 전통주 베이스 칵테일 5가지 소개
3. 칵테일을 만들 때 활용하게 되는 다양한 조주기법에 대한 정리
4. 칵테일 기구와 글라스의 정확한 명칭 정리
5. 다양한 장식용 재료와 그 활용방법들
6. 칵테일 주요 베이스의 특징에 대한 보다 이해하기 쉬운 정리
7. 향신료 & 비터에 대한 개념정리

참고로 본 교재의 특성상 조주기능사 실기칵테일 베이스로써 밀접한 관계가 있는 진, 럼, 보드카, 데킬라, 위스키, 브랜디, 전통주 이외에 맥주와 와인은 간단하게만 다루었습니다.

본 책에서는 조주기능사 자격증 40가지 칵테일에 대하여 각 칵테일별 조주하는 연속사진을 삽입하지는 않았습니다.

이는 Part 6. 칵테일의 조주방법에서 각 조주방법별로 사진과 설명을 곁들여 자세히 다루었습니다.

앞으로 칵테일이라는 음료가 많은 사람들에게 매력적이고 친근감 있는 매개체가 되기를 바라며 전통과 창조라는 두 단어를 항상 고민하며 또한 항상 서비스인임을 잊지 않고 자기개발에 소홀하지 않는 그러한 바텐더들이 많아지길 진심으로 바랍니다.

2년 만에 개정판을 준비하면서 개인적인 욕심만큼 충분한 내용이 실리지 못한 부분은 다소 아쉬움이 남지만, 다음에 보다 보완하여 반드시 더 나은 책을 완성하도록 하겠습니다.

끝으로 이 책이 완성되기까지 도와주신 한국바텐더협회 이석현 회장님, 월드클래스아카데미 성중용 매니저님, 아이디어를 공유해 주신 경보연 교수님, 여러 가지 준비하는데 이것저것 챙겨주신 아이스팜의 정준양 사장님, 몰트샵의 서건호 사장님, 카페나비대표 정승모 과장님, 바 몰타르의 안동석 사장님, 멋진 사진을 위해 애써주신 메이필드호텔스쿨의 송호열 교수님, 사랑하는 가족들, 백산출판사의 사장님과 진성원 부사장님 및 편집부 관계자 여러분들, 궂은일을 맡아준 나의 제자 르챔버의 조준영, 군 생활중인 민병우, 디브릿지의 김소영에게 진심으로 감사드립니다.

특별히 이번 개정판이 완성되기까지 너무나 꼼꼼하게 감수를 맡아주신 월드클래스아카데미 성중용 매니저님께 감사드립니다.

칵테일에 관심 있는 많은 이들이 한번쯤 읽어볼 만한 책이 되었으면 하는 바람으로…

2017년

원홍석

Contents

국가직무능력표준(NCS)개발 바텐더 직무능력 9가지와 각 단위요소에 대한 소개

1. 위생관리(바 청결 관리, 바 기물 위생관리, 개인위생관리)

위생관리란 바(bar)를 청결하게 하고 기물, 개인 위생관리, 용모복장을 단정하게 하는 능력이다.

① 바(bar)의 청결을 위해서 구역별 청결담당자를 지정할 수 있다.

② 바(bar)의 청결을 조직적으로 수행하기 위해서 일정별 홀, 바의 청결, 정리 정돈을 할 수 있다.

③ 바(bar)의 청결유지를 위해서 영업종료 시 정리정돈, 청결상태를 확인할 수 있다.

④ 바(bar) 기물 위생을 위해서 칵테일 조주기구의 살균 소독을 할 수 있다.

⑤ 재료의 위생을 위해서 냉장고, 제빙기, 정수기 청결을 유지할 수 있다.

⑥ 음료의 위생적 보관을 위해서 음료 진열장의 청결을 유지할 수 있다.

⑦ 기물, 기구의 위생관리를 위해서 언더 바, 수납공간을 정리정돈할 수 있다.

⑧ 근무하기 전에 청결한 유니폼을 항상 착용할 수 있다.

⑨ 이물질에 의한 오염을 막기 위해서 음료를 만들 때 손을 항상 청결하게 유지할 수 있다.

⑩ 법정 전염병이나 전염성 피부염 등이 있을 경우 근무가 불가하므로 정기적인 건강진단을 받고, 보건증을 소지할 수 있다.

2. 음료특성분석(음료 분류, 음료 특성파악, 음료 활용)

음료 특성 분석이란 음료의 특성을 파악하고 분류하며 활용하는 능력이다.

① 칵테일 조주를 위해서 알코올성 비알코올성 음료를 분류할 수 있다.

② 칵테일 조주를 위해서 양조방법에 따라 음료를 분류할 수 있다.

③ 칵테일 조주를 위해서 청량음료, 영양음료, 기호음료를 분류할 수 있다.

④ 음료의 분류를 위해서 주세법에 따른 음료를 분류할 수 있다.

⑤ 다양한 발효주의 테이스팅을 통하여 음료의 특성을 설명할 수 있다.

⑥ 다양한 증류주의 테이스팅을 통하여 음료의 특성을 설명할 수 있다.

⑦ 다양한 혼성주의 테이스팅을 통하여 음료의 특성을 설명할 수 있다.

⑧ 테이스팅을 통해서 청량음료, 영양음료, 기호음료의 특성을 설명할 수 있다.

⑨ 비알코올성 음료를 이용해서 칵테일 조주에 활용할 수 있다.

⑩ 알코올성 음료를 이용해서 칵테일 조주에 활용할 수 있다.

⑪ 다양한 재료를 이용해서 칵테일 조주에 활용할 수 있다.

3. 칵테일조주
(칵테일 기본지식습득, 칵테일 기법, 칵테일 조주, 칵테일 관능평가)

칵테일 조주는 칵테일 기본 지식을 습득하고 조주 기법을 익혀서 음료를 만들어 관능평가를 수행하는 능력이다.

① 고객에게 서비스를 제공하기 위해서 칵테일의 역사를 설명할 수 있다.

② 칵테일 조주를 위해서 칵테일 기구의 사용법을 습득할 수 있다.

③ 칵테일 분류를 통해서 칵테일 기본지식을 습득할 수 있다.

④ 클래식 칵테일 지식의 습득을 통해서 칵테일의 유래를 설명할 수 있다.

⑤ 음료 조주를 위해서 쉐이킹(Shaking) 기법을 수행할 수 있다.

⑥ 음료 조주를 위해서 빌딩(Building) 기법을 수행할 수 있다.

⑦ 음료 조주를 위해서 스터링(Stiring) 기법을 수행할 수 있다.

⑧ 음료 조주를 위해서 플로팅(Floating) 기법을 수행할 수 있다.

⑨ 음료 조주를 위해서 블렌딩(Blending) 기법을 수행할 수 있다.

⑩ 음료 조주를 위해서 머들링(Muddlering) 기법을 수행할 수 있다.

⑪ 동일한 맛을 유지하기 위해서 표준 레시피를 조주할 수 있다.

⑫ 다양한 칵테일을 제공하기 위해서 조주방법에 대한 장단점을 비교할 수 있다.

⑬ 고객 서비스 만족을 위해서 신속 정확하게 조주할 수 있다.

⑭ 칵테일의 특성을 강화하기 위해서 양질의 얼음을 활용할 수 있다.

4. 고객 서비스(고객 응대, 주문, 서비스, 다양한 편익 제공)

고객서비스는 고객영접, 주문, 서비스, 다양한 편익제공, 환송 등 고객에 대한 서비스를 수행하는 능력이다.

① 고객 응대 시 예약 관리를 수행할 수 있다.

② 고객 응대 시 영접할 수 있다.

③ 고객 응대 시 고객의 의견을 경청하고 소통을 할 수 있다.

④ 고객 응대 시 불편사항을 신속하게 처리할 수 있다.

⑤ 고객 응대 시 환송할 수 있다.

⑥ 고객의 만족을 위해 메뉴에 대한 지식을 설명할 수 있다.

⑦ 업장의 이익 창출을 위해 메뉴에 대한 지식을 설명할 수 있다.

⑧ 단골고객의 특징을 파악해서 신속하고 정확한 서비스를 수행할 수 있다.

⑨ 계절 및 시간, 상황에 맞는 서비스를 수행할 수 있다

⑩ 고객의 필요에 적합한 서비스 용품 제공을 수행할 수 있다.

⑪ 고객 기호에 맞는 시설 서비스 제공을 수행할 수 있다.

⑫ 고객 만족을 위해서 엔터테인먼트 이벤트를 수행할 수 있다.

5. 바(bar) 관리(바 시설 관리, 바 기구 & 글라스 관리, 음료 관리)

바(bar) 관리는 바(bar) 시설을 유지보수 하고 기구, 글라스를 관리하며 음료의 적정수량, 상태를 관리하는 능력이다.

① 바(bar)시설 관리를 통해서 시설물의 안전 상태를 점검할 수 있다.

② 바(bar)시설 관리를 통해서 시설물을 효과적으로 유지, 보수할 수 있다.

③ 효과적인 시설물의 배치와 활용으로 바텐더의 조주 능력을 향상시킬 수 있다.

④ 바(bar)에서 사용되는 기구, 글라스 등을 효과적으로 유지, 보관, 관리할 수 있다.

⑤ 칵테일 조주 시 사용되는 글라스 기구를 품목별로 진열 보관하여 신속한 조주를 수행할 수 있다.

⑥ 바(bar) 운영에 필요한 적정수량의 기구 확보를 수행할 수 있다.

⑦ 음료의 관리를 통해 재고파악을 수행할 수 있다.

⑧ 파스탁(par stock)에 의한 음료를 구매할 수 있다.

⑨ 음료의 선입선출(F.I.F.O) 관리를 수행할 수 있다.

⑩ 음료의 특성에 따른 적정 온도의 유지를 수행할 수 있다.

6. 메뉴개발
(표준 레시피 만들기, 기획 메뉴 만들기, 주문형 메뉴 만들기)

메뉴개발은 고객의 요구 및 기호도를 반영하여 바(bar) 운영의 생산성 향상 및 수익성 제고를 위해 표준 레시피와 기획 메뉴, 주문형 메뉴를 만드는 능력이다.

① 고객에게 신뢰받는 표준화된 음료 제공을 위해서 표준 레시피를 만들 수 있다.

② 재료의 손실을 줄이기 위해서 표준 레시피를 만들 수 있다.

③ 바텐더의 직무를 신속하게 수행 할 수 있도록 표준 레시피를 만들 수 있다.

④ 고객 창출을 위해서 한시적 메뉴를 만들 수 있다.

⑤ 고객 창출을 위해서 계절적 기획메뉴를 만들 수 있다.

⑥ 고객의 만족을 위해서 해피아워(happy hour) 메뉴를 만들 수 있다.

⑦ 고객 만족과 수익창출을 위해서 메뉴 엔지니어링(menu engineering)을 할 수 있다.

⑧ 지역 주문형 메뉴 개발로 고객의 만족도를 높일 수 있다.

⑨ 성별 주문형 메뉴 개발로 고객의 만족도를 높일 수 있다.

⑩ 연령별 주문형 메뉴 개발로 고객의 만족도를 높일 수 있다.

7. 바(bar) 마케팅
(음료 트렌드 분석, 바의 유형별 특성 분류, 음료 판매전략)

바(bar) 마케팅은 음료 트렌드와 바의 유형별 특성을 분석하여 음료 판매 전략을 수립하는 능력이다.

① SNS를 활용해서 국내외 음료 소비 성향 분석을 수행할 수 있다.

② 전문 조사 기관의 통계분석 자료를 이용해서 연도별 음료 소비량 분석을 수행할 수 있다.

③ 분석 결과를 통해서 음료 트렌드를 예측할 수 있다.

④ 바의 서비스 특성(컨셉)을 통해서 유형을 분류할 수 있다.

⑤ 바의 주요 취급 주종을 통해서 유형을 분류할 수 있다.

⑥ 바의 이용고객 성향을 통해서 유형을 분류할 수 있다.

⑦ 음료 트렌드 예측 결과를 통해서 메뉴 제작을 수행할 수 있다.

⑧ 바의 유형에 대한 분류를 통해서 주력 음료를 결정할 수 있다.

⑨ 음료 소비 성향 분석을 통해서 판촉 홍보물을 제작할 수 있다.

8. 바(bar) 운영(직원 관리, 원가분석, 영업실적 분석)

바(bar) 운영은 바(bar)의 직원관리와 원가분석, 영업실적을 관리하는 능력이다.

① 직원의 개별적인 관리를 통해서 업무 능력을 파악할 수 있다.

② 직원 개개인의 능력에 따라 업무 분담표를 작성할 수 있다.

③ 직원의 업무 수행 결과를 통해서 업무능력을 평가할 수 있다.

④ 직원의 업무 수행 평가 결과를 통해서 업무 분담 재배치를 할 수 있다.

⑤ 표준 레시피를 통해서 음료에 대한 원가를 계산할 수 있다.

⑥ 재료에 대한 원가 산출을 통해서 음료의 손익분기점을 계산할 수 있다.

⑦ 음료의 판매가 산출을 위해서 손익 분기점을 활용할 수 있다.

⑧ POS 데이터를 통해서 항목별 매출액을 산출할 수 있다.

⑨ POS 데이터를 통해서 항목별 손익을 분석할 수 있다.

⑩ 분석된 정보를 통해서 영업 전략을 수립할 수 있다.

9. 바텐더 외국어 사용
(기초 외국어, 바 전문용어, 비즈니스 외국어 사용)

바텐더 외국어 사용은 기초 외국어, 바(bar) 전문용어, 비즈니스 외국어를 숙지하고 사용하는 능력이다.

① 기초외국어 습득을 통해서 고객 응대에 필요한 기초외국어로 대화할 수 있다.

② 기초외국어 지식을 통해서 고객 응대에 필요한 기초외국어 문장을 해석할 수 있다.

③ 기초외국어 지식을 통해서 고객 응대에 필요한 기초외국어 문장을 작성할 수 있다.

④ 바(bar)에 있는 시설물과 기구의 전문용어를 사용할 수 있다.

⑤ 바(bar) 전문용어 숙지를 통해 음료를 지칭하는 전문용어를 사용할 수 있다.

⑥ 음료를 조주하는 기법에 대한 전문용어를 사용할 수 있다.

⑦ 고객과의 소통을 위해서 상황별 비즈니스 외국어를 사용할 수 있다.

⑧ 고객에 성향에 맞는 비즈니스 외국어를 사용할 수 있다.

⑨ 국제적 경영관리를 위해 비즈니스 외국어를 사용할 수 있다.

칵테일이란 '증류주나 리큐어(혼성주)를 기본으로 다양한 과즙류, 탄산류, 허브류, 향신료 등의 재료들을 혼합하여 만든 음료'이다.

또한, 무알코올성 칵테일은 목테일(Mocktail)이라고 한다.

바텐더란 '고객에게 다양한 음료와 휴식의 서비스를 제공하기 위하여 음료에 대한 종류와 특성을 이해하고 칵테일을 조주하여 고객에게 제공하며 바(bar)의 음료관리와 개발, 마케팅, 운영을 수행하는 사람이다'

– NCS(국가직무능력표준)개발에서 정의한 바텐더의 직무

PART 1
음료

1. 음료의 정의

음료(飮料)라는 범주에는 비알코올성 음료만 뜻하는 것이 아니라 '술'이라고 하는 알코올성 음료도 포함된다. 다시 말해 사람이 마실 수 있도록 만들어진 모든 액체를 일컫는 말이다.

알코올성 음료(Alcoholic Beverage) 즉, 흔히 술이라고 표현하는 음료는 한국의 주세법상으로는 순수 알코올 함유량이 1% 이상(마실 수 있는)음료를 말한다. 증류주, 발효주, 혼성주 같은 술들이 좋은 예이며, 이러한 술들을 총칭하여 리쿼(Liquor)라 하며 이 표현은 주로 고도주(알코올 도수가 높은 술)인 증류주의 의미를 지니고 있는 스피릿(Spirits)이라고 표현되기도 한다. 이외에 다양한 비알코올성 음료(Non-Alcoholic Beverage)가 있다.

Tip

1. 리쿼(Liquor)와 리큐어(Liqueur) 알아보기

● 리쿼(Liquor)란 증류하여 생산된 알코올성 음료로서 특히, 고도주(알코올 도수가 높은 술)인 증류주라는 의미의 스피릿(Spirits)을 말하는데, 보드카, 진, 럼 등이 그 좋은 예이다.

● 리큐어(Liqueur)란 주류에 향, 색, 감미를 첨가한 술로서 '혼성주'라고 한다. 다시 말해 증류주나 양조주에 인공향료나 약초 또는 초근목피 등의 향류를 첨가하고 꿀이나 설탕 등으로 감미롭게 만든 술이다. 프랑스는 알코올 15% 이상, 당분 20% 이상, 향신료가 첨가된 술을 Liqueur라고 한다. 미국에서는 Spirit에 당분 2.5% 이상을 함유하며, 천연향(과실, 약초, 즙 등)을 첨가한 술을 Liqueur이라고 하며, 자국산 제품을 코디얼(Cordial)이라고 한다. 화려한 색채와 더불어 특이한 향을 지닌 이 술을 일명 "액체의 보석'이라고 한다.

2. 음료의 분류

음료는 크게 알코올이 함유되어 있는 유무에 따라 알코올성 음료와 비알코올성 음료로 구분한다.

알코올성 음료는 제조방법에 따라 양조주, 증류주, 혼성주로 구분한다.

양조주는 발효주를 의미하며 곡물과 과실 등의 원료를 효모로 발효시켜 만든 주류로서 포도주, 맥주, 막걸리, 동동주 등이 있다.

증류주는 곡물나 과실, 당질원료 등을 발효시켜 양조주를 만들어 증류기를 통해 증류시킨 것으로 '스피릿'이라고도 하며 진, 럼, 보드카, 데킬라, 브랜디, 위스키 등이 있다.

혼성주는 양조주나 증류주에 식물의 뿌리나 열매, 과즙, 색소 등을 넣어서 색, 향, 맛을 새롭게 만든 술을 의미한다.

비알코올성 음료는 청량음료, 영양음료, 기호음료, 기능성 음료로 구분한다.

청량음료는 탄산유무에 따라 탄산음료와 무탄산음료가 있으며, 영양음료는 과실음료, 야채음료, 유산균음료 등이 있으며, 기호음료는 커피류와 차류가 있다. 마지막으로 기능성 음료는 포카리스웨트, 팻다운, 미에로화이바 등이 있다.

Alcoholic Beverage(제조 방법에 따라)	
양조주	곡물과 과실 등의 원료를 효모로 발효시켜 만든 주류
증류주	곡식이나 과일, 당질원료 등을 발효시켜 양조주를 만들어 증류기를 통해 증류시킨 것으로 '스피릿'이라 불린다.
혼성주	양조주나 증류주에 식물의 뿌리나, 열매, 과즙, 색소 등을 더해서 만든 술

양조주	
Grapes wine	natural, sparkling, fortified, aromatized
other fruits	cider(apple), perry(pear)
grain	beer, 약주, 막걸리 등
miscellaneous	pulque

증류주	
곡물(Grain)	• whisk(e)y : Scotch, American, Canadian, Irish • Gin • Vodka
사탕수수	• Rum
Agave (용설란과의 아가베)	• Mezcal • Tequila
Fruit → Brandy	• Grape(Cognac, Armagnac) • Apple(Calvados, Applejack) • Cherry(Kirsch), Raspberry(Framboise)

혼성주	
과실계 Fruit	• 오렌지류 : Triple Sec, Cointreau, Grand Marnier, Curacao • 베리류 : Sloe Gin, Chambord, Crème de Casis • 체리류 : Cherry Brandy, Maraschino • 살구 : Apricot Brandy • 기타 과실류 : Crème de Banana, Peach Liqueur, Melon Liqueur 　Poire Williams, Mickey Finn, Southern Comfort, Hpnotiq • Campari Bitter : herbs and fruit(including chinotto and cascarilla)
벌꿀류 약초, 향초류	• Drambuie : Scotch whisky, heather honey, spices and herbs • Irish Mist : Irish whiskey, heather and clover honey, aromatic herbs, 　and other spirits
약초, 향초류 Herbal	• Absinthe, Anisette, Ricard, Pernod, Tiffin, Benedictine, Galliano • Chartreuse (Green, Yellow), Crème de Menthe, Aperol, Sambuca, 　Romarin, Parfait Amour, Jasmin(MB), Violette(MB) • Cinzano(Extra Dry, Bianco, Rosso), Martini(Dry, Rosso) • Carpano(Dry, Bianco, Classico, Antica Formula)
종자류 Seed & Nut	• Crème de Cacao, Disaronno, Amaretto, Malibu, Kummel • Kahlua, Frangelico, Illyquore, Tia Maria, Cafè(MB)
크림류 Cream	• Baileys

Non-Alcoholic Beverage		
청량음료	탄산음료	무탄산음료
청량음료	• 무향탄산음료 : 소다수 • 착향탄산음료 : 콜라, 사이다, 토닉워터, 진저엘, 환타 등	미네럴 워터
영양음료	과실음료, 야채음료, 유산균음료	
기호음료	커피, 차, 코코아 등	
기능성 음료	포카리스웨트, 팻다운, 미에로화이바, 게토레이 등	

3. 술의 제조과정

술의 제조과정은 효모(Yeast)가 작용하여 알코올을 발효시키는 것이다. 인간이 주식으로 하고 있는 곡류(Grain)와 과실류(Fruits)에는 술을 만드는데 필요한 기초원료의 전분과 과당을 함유하고 있다.

따라서 과실류에 포함되어 있는 과당에 직접효모를 첨가하면 에틸알코올과 이산화탄소와 물이 만들어지는데 이산화탄소는 공기 중에 산화되고 알코올 성분의 술이 만들어지는 것이다. 그러나 곡류의 전분 그 자체는 직접적으로 발효가 안 되기 때문에 전분을 당분으로 분해시키는 당화과정을 거친 후에 효모를 첨가하면 알코올 발효가 되어 술이 만들어지는 것이다.

이와 같이 술의 제조과정에 있어서 알코올은 당분이 변한 것으로 술의 원료는 반드시 당분을 함유하고 있어야 한다. 이와 관련된 술의 제조과정을 알기 쉽게 도식화 하면 다음과 같다.

1) 양조주의 제조과정

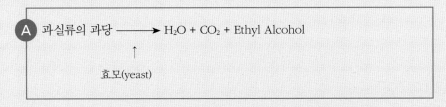

A 과실류의 과당 ⟶ $H_2O + CO_2 +$ Ethyl Alcohol

↑

효모(yeast)

B 곡류의 전분 ⟶ 당분 ⟶ $H_2O + CO_2 +$ Ethyl Alcohol

↑ ↑

전분당화효소(Diastase) 효모(yeast)

2) 증류주의 제조과정

A 과실류의 과당 → 효모첨가 → 과실주 [포도주, 사과주, 체리주, 산딸기주, 배주 등] → 증류 → 오드비(Vin, Cidre, Kirsch, Framboise, Poire 등) → 저장, 숙성 → 포도 브랜디, 꼬냑, 아르마냑/사과브랜디(칼바도스) 등

B 곡류의 전분 → 당화 → 당분 → 효모첨가 → 곡주 [맥주, 청주, 탁주] → 증류 [진, 보드카, 위스키, 소주, 아쿠아비트] → 저장, 숙성 → 위스키 등

Tip

* 오드비(Eau-de-vie) 란 스피릿으로(증류주)으로 맑고 투명하며 무색의 특징을 지닌 과일을 증류시켜 만든 브랜디를 의미한다. 일명 프랑스어로 생명의 물(Water of Life)이라고 한다.

4. 알코올 농도 계산법

알코올 농도라 함은 온도 15℃일 때의 원용량 100분 중에 함유하는 에틸 알코올의 용량을 말한다. 이러한 알코올 농도를 표시하는 방법은 각 나라마다 그 방법을 달리하고 있다.

1) 영국의 도수 표시 방법

영국식 도수 표시는 사이크가 고안한 알코올 비중계에 의한 British Proof(Sikes)로 표시한다. 그러나 그 방법이 다른 나라에 비해 대단히 복잡하다. 그러므로 최근에는 수출 품목 상표에 영국식 도수를 표시하지 않고 미국식 프루프를 많이 사용하고 있다.

2) 미국의 도수 표시 방법

미국의 술은 American Proof단위를 사용하고 있다. 주정도를 2배로 한 숫자로 100 proof는 주정도 50%라는 의미이다.

3) 독일의 도수 표시 방법

독일은 중량비율을 사용한다. 100g의 액체 중 몇g 의 순수 에틸 알코올이 함유되어 있는가를 표시한다. 술 100g 중 에틸 알코올이 40g 들어 있으면 40%의 술이라고 표시한다.

Tip

칵테일의 알코올 도수 계산법

공식 : $\dfrac{\{재료\ 알코올\ 도수 \times 사용량\} + \{재료\ 알코올\ 도수 \times 사용량\}}{사용된\ 모든\ 음료의\ 총\ 사용량}$

예) 드라이 마티니(Dry Martini)

Dry Gin 45ml(40%) + Dry Vermouth 15ml(18%)

$\dfrac{\{40 \times 45\} + \{15 \times 18\}}{45ml + 15ml} = 34.5\%$

PART 2

알코올성 음료

PART 2
알코올성 음료

알코올성 음료에는 제조방법에 따라서 양조주(발효주), 증류주, 혼성주가 있다.

- 양조주 : 곡물과 과실 등의 원료를 효모로 발효시켜 만든 주류 (맥주, 와인, 막걸리 등)
- 증류주 : 곡물이나 과실, 당질원료 등을 발효시켜 양조주를 만들어 증류기를 통해 증류시킨 것으로 'Spirits' 스피릿 이라 한다. (진, 럼, 보드카, 데킬라, 위스키, 브랜디, 전통주 등)
- 혼성주 : 양조주나 증류주에 식물의 뿌리나, 열매, 과즙, 색소 등을 첨가하여 만든 것으로서 흔히 'Liqueur' 리큐어라고 한다.

이 가운데 주로 칵테일의 베이스로 사용하는 증류주(진, 럼, 보드카, 데킬라, 위스키, 브랜디, 전통주)와 혼성주 및 비알코올성 음료(시럽류, 향초류, 과즙류, 탄산음료 등)는 베이스별 칵테일과 기타 재료 파트에서 설명하도록 하겠다.

1. 맥주(Beer)

① 맥주의 원료

맥주는 보리, 홉, 효모, 물을 주원료로 하고 그 외에 밀, 귀리, 녹말, 쌀, 옥수수 등을 사용하여 제조한다.

1) Barley(보리)

보리는 한문으로 대맥(大麥)이라 하며, 이를 싹틔워 맥아로 만든 것이 맥주의 주원료이다.

맥주용 보리에는 이조맥(두줄보리)와 육조맥(육줄보리)가 있으며, 한국, 일본, 독일 등에서는 알맹이가 크고 껍질(곡피)가 얇은 이조맥을 주로 사용하고, 미국에서는 육조맥을 사용하고 있다.

맥주용 보리의 이상적인 조건은 다음과 같다.

- 알맹이가 크고, 껍질(곡피)가 얇고, 담황색의 윤기 있는 광택을 지닌 것
- 발아, 건조과정을 거친 후 수분 함유량은 13% 이하로 잘 건조된 것
- 알맹이가 고르고 95% 이상의 발아율이 있는 것
- 전분 함유량이 많은 것
- 단백질이 적은 것

2) Hop(홉)

홉은 뽕나무과 식물로서 맥주 특유의 향기와 쓴맛을 내고, 맥주의 거품과 색을 띄게 하고 부패를 막아 일정기간 저장을 가능하게 해 주는 역할을 한다.

3) Yeast(효모)

맥주에 사용되는 효모는 맥아즙 속의 당분을 분해하고 알코올과 탄산가스를 만드는 작용을 하는 미생물로서, 발효 후기에 표면에 떠오르는 상면발효효모(Top Yeast)와 일정기간을 경과하고 밑으로 가라앉는 하면발효효모(Bottom Yeast)가 있다.

4) Water(물)

맥주 양조는 원래 수질이 좋은 곳을 선택하여 시작하였다고 한다. 과거에는 양조용수의 질을 임의로 개량하지 못했기 때문에 그 지방의 수질에 따라서 맥주의 타입이 결정되었다고 볼 수 있다. 양조용수는 무색·투명하고 혼탁하지 않고 부유물 등이 없어야 하며, 각종 무기성분도 적당량 함유되어야 한다.

② 맥주의 제조과정

맥아제조 - 당화 - 발효 - 숙성 - 여과 - 병입(제품)

1) 맥아제조

맥주 제조과정의 시작은 보리를 맥아로 만드는 과정이다. 보리가 부풀어 작은 싹이 나기 시작할 때까지 물에 담가 두는데 이를 통하여 녹말이 당분으로 변화하기 시작한다. 그런 다음 보리에 열을 가하여 건조시키면 추가적인 발아를 막으면서 맥아(malt)가 만들어진다.

2) 당화

잘게 부순 맥아에 전분 등의 부원료를 더하여 따뜻한 물과 섞는다. 적당한 시간과 온도를 유지하면 맥아 속에 있는 효소의 작용에 의해 전분질은 효모가 이용 가능한 당분으로 바뀐다. 이것을 여과하여 호프를 넣고 끓인다. 호프는 맥주 특유의 쌉쌀한 맛과 향을 만들어내며 맥즙 속에 포함된 단백질을 응고시켜 맥즙을 맑게 하는 중요한 작용을 한다.

3) 발효

뜨거운 맥즙을 냉각시킨 후 여기에 효모를 첨가하여 발효 탱크에 넣는다. 7-12일간 효모의 적용에 의해 맥즙속의 당분은 알코올과 탄산가스로 분해된다. 이 과정에서 만들어진 맥주는 미숙성 맥주(Young Beer)로, 아직 맥주 본래의 맛과 향은 충분하지 않다.

4) 숙성

발효가 끝난 미숙성 맥주는 후발효 탱크에 옮겨져 0~1℃에서 숙성되며, 이제 맥주의 맛과 향이 조화를 이루게 된다.

5) 여과

저장 탱크에서 숙성이 끝난 맥주는 0~1℃로 냉각하여 맥주 혼탁의 원인이 되는 불안정한 콜로이드 물질을 제거하기 위하여 여과를 거쳐서 비로소 맑고 투명한 황금색의 맥주가 된다.

6) 제품

여과된 맥주는 병이나 통에 넣어져 시장으로 내보내진다. 병이나 캔에 넣어진 맥주는 효모를 불활성화 시키기 위해 저온살균 후 출하한다. 한편, 저온 살균하지 않고 미세한 여과기를 통하여 맥주에 남아있는 효모를 걸러내는 경우도 있는데, 이것이 생맥주를 만드는 방법이다.

③ 맥주의 역사

맥주는 B.C. 7000년경 인류가 농업을 시작함과 동시에 시작되었다고 한다. 13C 경에는 북독일의 아이베크 거리에서 호프(Hop)를 사용한 Bock Beer라고 하는 독하고도 진한 맛의 맥주가 만들어져서 현재의 Lager Beer의 기초가 되었다.

맥주의 본고장은 독일이며, 독일 최초의 맥주회사 1516년 Herzog Qilhelm IV (헤르조크 빌헤름 4세)가 설립하였다. 영국에서는 원주민인 겔트인 B.C. 300년경부터 소맥을 발효하여 마신 기록이 있으며, 미국은 16세기 후반부터 이민 온 사람들이 호프를 재배하여 만들기 시작하여 오늘날에는 세계 제일의 맥주 생산국이 되었다.

④ 맥주의 종류

1) 효모 발효법에 의한 분류

(1) 하면발효맥주(독일식)

일명 라거비어라 하며 저온(5~10℃)에서 약 7~10일 정도 발효시켜 만든 맥주이다.

발효가 진행됨에 따라 아래고 가라앉는 하면발효효모(Bottom Yeast)를 사용한다.

상면발효맥주에 비해 알코올 함량이 비교적 낮으며 상쾌하고 청량하며 깨끗한 특징을 지니고 있다.

- 라거맥주(Larger Beer) : 낮은 온도(2~10℃)에서 몇 개월간의 발효, 숙성을 통해 만들어지는 맥주이다. 이런 저온 숙성과정을 라거링(Largering)이라 한다. 독일어로 '라거'란 저장이라는 말에서 유래된 단어이기도 하다.
- 도르트문트(Dortmund) 맥주 : 산뜻한 향미와 쓴맛이 비교적 적은 담색맥주이다.
- 필스너(Pilsner) : 체코 필젠이 원산지로서 담색맥아와 연수를 사용하며, 쓴맛이 강한 황금색 맥주이다.
- 뮌헨(Munchen) : 경수를 사용하며, 농색맥아와 흑갈색맥아를 함께 사용하여 맥아향이 짙고 색이 진한 맥주이다.
- 복비어(Bock Beer) : 독일 북부에서 유래되었으며, 겨울에 숙성과정을 거쳐 주로 봄에 마시는 맥주로서 색이 진하고 진한 몰트향을 지닌 맥주이다.

(2) 상면발효맥주(영국식)

비교적 고온 (18~25℃)에서 약 2주간 발효시켜 만든 맥주이다.

발효가 진행됨에 따라 위로 떠오르는 상면발효효모(Top Yeast)를 사용한다.

하면발효맥주에 비하여 알코올 함량이 비교적 높으며 묵직하고 쓸쓸한 특징을 지니고 있다.

- 에일(Ale) : 영국의 대표 맥주로서 라거비어에 비해 호프(Hop)를 약 2배 정도를 사용하여 호프의 풍미와 쓴맛이 강한 맥주이다.
- 포터(Porter) : 건조한 농색맥아와 흑맥아를 섞어 만들기 때문에 진한 색의 흑맥주이다.
- 스타우트 (Stout) : 많은 양의 검게 구운 맥아와 호프 또한 많이 사용해서 검고 강한 진한 맛의 맥주이다.
- 람빅 (Lambics) : 벨기에의 전통 맥주로서 발효 시 외부 공기를 차단하지 않아서 자연효모와 젖산균이 자연발효시킨 맥주이다.

2) 맥아 색에 의한 분류

① 담색 맥주 : 보통의 담색 맥아를 사용하여 만든 맥주이다
② 농색 맥주 : 보통의 맥아에 흑맥아를 섞어 향미와 색을 부여하여 만든 맥주이다.

3) 살균처리에 의한 분류

① 저온 열처리 맥주 : 병입을 마친 맥주를 열처리하여 만든 맥주로서 하이네 켄, 칼스버그, 기린, 버드와이저, 코로나 등이 있다. 살균처리를 통해 효모 발효를 억제하여 맥주의 맛을 균일하게 보존하기 위한 방식의 맥주이다.

② 비열처리 맥주 : 생맥주가 대표적이며 효모 빛 미생물을 비열처리 방식으로 제거한 맥주이다. 비열처리를 통해 맥주 특유의 맛을 내는 각종 성분이 파 괴되지 않고 효모가 여과과정에서 제거되어 거품도 빨리 사그라지고 맛도 부드러워진다.

5 맥주의 취급방법 및 서비스

1) 맥주 취급방법

맥주 취급방법은 양조장에서 생산된 제품의 맛과 향을 유지하고 상하지 않도 록 잘 취급해야 한다. 따라서 저장방법에 있어서는 5~20℃의 실내온도에서 통풍 이 잘되고 직사광선을 피하는 어두운 지하실의 건조한 장소가 좋다. 또한 맥주를 운반할 때에는 가급적 충격을 피해야 한다. 충격을 주게 되면 맥주안의 단백질이 응고하는 혼탁현상을 일으켜 맛과 향을 잃어 맥주의 제 맛을 느낄 수 없다.

2) 맥주서비스

맥주의 독특한 맛을 느낄 수 있는 적정온도는 여름철 5~8℃ 정도이고, 겨울철 에는 10~12℃ 정도가 가장 좋다. 맥주병을 오픈하였을 때 맥주가 넘쳐 나올 경우 너무 오래 되었거나 운반 시 너무 많이 흔들렸다고 볼 수 있다. 반면에 미지근한 맥주는 거품이 너무 많고 쓴 맛이 나며, 너무 차가우면 거품이 잘 일지 않아 맥주 특유의 향을 느낄 수 없게 된다.

(1) 생맥주 서비스

- 생맥주는 머그(Mug)잔에 제공한다.
- 맥주는 8부, 거품은 2부 정도가 적당하다

- 거품이 잘 일지 않을 때는 탄산가스가 충분한 지, 컵에 기름기가 있는지, 맥주가 너무 차거나 오래 되었는지를 체크한다.
- 생맥주의 저장은 2~3℃, 서비스 온도는 3~4℃가 적당하다.

나. 병맥주 서비스

- 병맥주의 마개는 고객 앞에서 오픈한다.
- 병을 글라스에서 약 4~5센티 정도 들고 따른다.
- 맥주와 거품은 8 : 2가 되도록 따른다.
- 따르고 난 뒤에는 병을 트위스트하여 방울이 주변에 떨어지지 않도록 한다.
- 병을 테이블에 놓을 때는 상표가 고객에게 보이도록 살짝 놓는다.
- 병맥주의 저장은 3~4℃, 서비스 온도는 5℃가 적당하다.

Tip

와인과 같이 각각의 맥주는 각기 다른 온도에서 최고의 맛을 느낄 수 있다.
예를 들어, 상쾌하고 청량감이 뛰어난 라거맥주(하면발효맥주)는 묵직하고 짙은 맛과 향을 지닌 에일맥주(상면발효맥주)보다 시원하게 서브하는게 좋고, 맥주의 칼라가 짙을수록, 맛이 강할수록 너무 차가운 온도는 피하는게 좋다.

2. 와인

와인은 영어로는 와인(WINE), 프랑스어로는 뱅(VIN), 이탈리아어로는 비노(VINO), 독일어로는 바인(WEIN)이라고 한다.

와인은 잘 익은 포도를 사용하여, 포도에서 나온 당분에 효모를 첨가하여 발효시킨 뒤 만든 것으로 제조과정에서 물 등은 전혀 사용하지 않는다.

일반적으로 품질 좋은 와인생산을 위한 3가지 요소에는 포도품종, 포도재배에 적합한 토양 그리고 기후이다. 이 외에도 사람(포도재배자, 와인생산자)도 매우 중요하다.

1 와인의 분류

1-1. 와인의 색에 따른 분류

1) 레드 와인

레드 와인용 포도품종(적포도)으로 만든 와인으로 와인이 붉은색을 띠며 껍질과 씨에 있는 타닌(tannin)성분으로 인하여 일반적으로 맛이 떫으며 육류요리와 비교적 잘 어울린다.

2) 화이트 와인

화이트 와인용 포도품종(청포도)으로 만든 와인으로 와인이 지푸라기 색에서부터 황금색 계통의 색을 띠며 화이트 와인은 일반적으로 레드와인에 비하여 산도가 높으며, 타닌이 낮다.

3) 로제 와인

레드 와인 양조용 포도로 만든 와인 또는 레드 와인과 화이트 와인 혼합으로 색이 아주 엷은 Blush에서부터 핑크색을 가지고 있는 와인을 말한다.

1-2. 맛에 따른 분류

1) 드라이 와인(Dry wine)

드라이는 '달지 않다' 라는 의미로 포도에 함유되어 있는 당분이 발효 과정에서 대부분 알코올로 전환되어 남아 있는 당분이 거의 없어서 단맛이 거의 느껴지지 않는 와인을 말한다.

2) 미디엄 드라이 와인(Medium Dry wine/Medium sweet)

과일향이 풍부하거나 부드러운 풍미로 인해 와인이 덜 드라이하게 느껴지는 경우이다.

드라이와 스위트의 중간으로 약간의 단맛이 느껴지는 와인으로서 포도에 함유되어 있는 당분이 발효과정에서 중간정도 당분이 남아 있는 와인을 말한다.

3) 스위트 와인(Sweet wine)

와인에서 단맛이 충분히 나는 와인으로서 포도에 함유되어 있는 당분이 발효과정에서 상당량 남겨진 상태의 와인을 말한다.

1-3. 용도에 따른 분류

1) 식전 와인(Welcome drink, Aperitif 와인)

식욕 촉진제로 사용되는 와인으로 맛이 드라이하고 산이 있는 와인이다. 레드 와인 보다는 화이트 와인이 주로 많이 사용되며, 웰컴 드링크로는 스파클링 와인이나 와인 칵테일 등이 사용된다.

2) 식중 와인(Table wine)

식사를 하면서 사용되는 와인으로 화이트 와인은 일반적으로 생선류 요리에, 레드 와인은 육류요리에 잘 어울린다. 그러나 요리와 장소, 모임, 성격 등에 따라 달라질 수 있다.

3) 식후 와인(Dessert wine)

만찬이나 정찬 또는 일상에서 식욕 억제제로 사용되는 와인으로 맛이 드라이하지 않고 스위트한 와인을 말한다. 식후 와인은 주로 디저트 요리들과 잘 어울린다.

Tip

1. 대표 식전와인

- 스페인 : 드라이 셰리와인(피노 타입) Fino Sherry
- 프랑스 : 드라이한 샴페인 Champagne Brut

2. 대표적인 디저트 와인

- 프랑스 : 소테른와인(귀부와인)
- 독일 : 아이스바인 Ice Wein, 트로켄베렌아우스레제
- 헝가리 : 토카이 Tokaji
- 캐나다, 뉴질랜드 : 아이스와인 Ice Wine
- 신세계국가 : 레이트 하베스트 와인(Late Harvest)
- 포르투칼 : 포트와인 Port
- 스페인 : 크림셰리 Cream Sherry
- 이탈리아 : 파시토 Passito(말린포도로 만든 와인)

1-4. 거품유뮤에 따른 분류

1) 스파클링 와인(Sparkling Wine)

발포성 와인이라 하며, 생산하는 나라마다 다른 용어를 사용하고 있다.

스틸와인에 설탕과 효모를 첨가해 2차 발효시켜 탄산가스를 생성, 거품을 내게 한 발포성 와인을 말한다.

프랑스의 샴페인, 이탈리아의 스푸만테, 스페인의 카바, 독일의 젝트가 대표적이다.

2) 스틸 와인(Still Wine)

비발포성 와인이라 하며 흔히, 스틸와인, 테이블와인이라 한다. 일반적인 와인들이 여기에 속한다.

1-5. 알코올 첨가 유무에 따른 분류

1) 알코올을 강화한 와인

Fortified 포티파이드 와인이라 하며, 와인 양조 과정에서 와인에 알코올(주정)을 첨가하여, 알코올을 높인 와인을 말한다. 세계 3대 주정강화와인인 스페인의 Sherry(셰리), 포르투칼의 Port(포트), 마데이라의 Madeira(마데이라)와 이탈리아의 Marsalra(마르살라) 등이 세계적으로 유명하다. 알코올 강화 와인들은 드라이 타입에서부터 스위트한 와인까지 매우 다양하다.

2) 알코올을 강화하지 않은 와인

일반 와인들이 여기에 속한다. 일반적으로 알코올 강화 와인들 보다 알코올이 낮다.

1-6. 와인의 농도에 따른 분류

1) 가벼운 와인(Light Bodied wine)

입안에서 느껴지는 와인의 농도와 질감이 가벼운 와인. 이들 와인들은 낮은 알코올과 약간 높은 산도, 낮은 당도를 가지고 있다. 주로 대부분의 화이트 와인들과 프랑스의 보졸레, 이탈리아의 끼안띠, 발폴리첼라 등이 있다. 가벼운 와인들은 가벼운 음식과 잘 어울린다.

2) 중간 와인(Medium Bodied wine)

가볍지도 무겁지도 않은 질감과 농도를 가지고 있는 와인이다.

3) 무거운 와인(Full Bodied wine)

입안에서 느껴지는 와인의 질감과 농도가 매우 무거운 와인으로 대부분의 레드 와인들이 여기에 속하며, 고급 화이트 일부분이 풀 바디 와인들이다. Full

Bodied wine은 높은 알코올과 풍부한 타닌을 가지고 있다. 풀 바디 와인들은 일반적으로 무거운 음식들과 잘 어울린다.

② 포도 재배 환경(Terroir)

같은 품종이라도 다른 와인을 만들어 내는 차이는 양조 방법에도 있겠지만 무엇보다 떼루아의 차이라고 볼 수 있다. 떼루아는 포도밭의 특징을 지어주는 자연적 요소의 전반적인 의미이다. 즉, 토양, 자연환경, 위치, 지형학적 조건, 기후 등을 전반적으로 일컫는 것이다.

③ 와인 제조 과정

레드와인과 화이트와인의 제조 과정 중 가장 큰 차이점은 발효와 압착의 순서이다.

레드와인은 적포도의 껍질과 씨의 색과 성분이 우러나와야 하기 때문에 발효를 먼저하고 압착을 하여 적색의 포도주를 생산하지만, 화이트와인은 일반적으로 순수 과즙의 신선한 주스를 가지고 발효를 시키므로 압착을 먼저 하게 된다.

1) 레드 와인 제조 과정

1-1 Crushing & Destemming(파쇄와 줄기제거)

1-2 Fermentation(알코올발효)

1-3 Maceration(침용)

1-4 압착

1-5 2차발효(Malolactic-Fermentation/젖산발효, 유산발효, 감산발효)

1-6 숙성

1-7 정화(Racking, Fining, Filtration)

1-8 혼합 & 병입(Blending & Bottling)

2) 화이트 와인 제조 과정

2-1 Crushing & Destemming(파쇄와 줄기제거)

2-2 압착

2-3 발효

2-4 숙성, 정화, 혼합 & 병입

④ 와인 보관 조건

와인은 증류주와 달리 알코올 도수가 높지 않은 발효주이다. 또한 대부분의 와인은 그 입구를 코르크로 밀봉하고 있으므로 코르크가 말라서 틈이 벌어지지 않게 뉘어서 보관해야 한다. 또한 외부와의 공기유입에 따른 여러 문제가 발생할 수있다. 이러한 이유들로 인하여 와인은 그 보관조건이 매우 중요하다.

1) 온도

와인의 적정 보관온도는 와인의 특성에 따라 다르지만, 대략 화이트 와인은 7~10℃ 정도로 차게 보관해야 하며 레드와인은 15~18℃ 정도의 실내온도로 보관해야 한다.

2) 습도

와인 보관장소의 습도는 매우 중요하다. 너무 건조한 곳에서는 코르크가 말라와인이 산화될 위험이 크다. 또 너무 습한 곳은 코르크 마개와 라벨이 곰팡이의피해를 입어 상품의 가치를 떨어뜨리므로 주의해야 한다. 약 70~80%정도의 습도가 가장 적당하다.

3) 진동

와인의 진동은 와인의 숙성을 유발시켜 와인의 수명을 단축시킨다. 따라서 잦은 이동은 좋지 못하다. 또 오래된 와인은 침전물(Sediment)이 가라앉는데 저장고에 진동이 생기면 침전물(Sediment)이 부유하게 되어 와인이 혼탁해지게 된다.

4) 빛

와인보관을 위해서는 어두운 곳이 가장 좋다. 와인이 햇빛 및 형광등과 같이 밝은 빛을 받으면 빛 속의 자외선에 의해 광화학반응을 일으켜 변질되므로 직사광선을 피해야만 한다. 자외선에 노출되면 White Wine과 Sparkling Wine은 서서히 갈색으로 변색되며 Red Wine은 색깔이 갈색으로 변하거나 혼탁해진다.

5) 냄새

와인은 냄새에 민감하다. 와인은 코르크를 통해 냄새를 쉽게 빨아들이며 이 냄새에 의해 주질이 떨어지게 된다. 특히 냄새가 심한 식당에 장기간 보관하고 있는 와인은 주의를 해야 한다. 와인 저장고(Wine Cellar)에는 음식물이나 꽃 등 냄새가 나는 것은 일체 보관해서는 안 된다.

와인은 냄새에 민감하다. 대부분의 와인은 입구가 코르크로 막혀있기 때문에 외부냄새가 완벽하게 차단되지 않기 때문이다.

⑤ 와인 서비스

1) 와인 서비스 온도

와인을 마시는 온도는 그 와인의 알코올 도수와 성격에 의해 달라지는데 일반적으로 Heavy하고 Rich한 Full Bodied Wine일수록 온도가 높아야 제 맛과 향이 난다. 이와 반대로 Light Bodied Wine은 차게 해야 그 산뜻하고 신선한 맛과 향을 제대로 느낄 수 있다.

일반적인 서비스 온도는 다음과 같다.

- 화이트 와인 : 8~12도 정도
- 레드 와인 : 12~20도 정도

- 스파클링 와인 : 5~8도 정도
- 스위트 와인 : 4~6도 정도

실내온도의 개념도 유럽 쪽은 18℃인데 비해 미국 쪽은 22℃로 상당한 차이가 있다. 일반적으로 온도가 내려갈수록 우리 혀에서 단맛을 더 잘 느낄 수 있다. 따라서 Sweet Wine은 4~6℃ 정도로 차게 해서 마신다. 그러나 4℃ 이하의 낮은 온도에서는 혀의 감각기능이 급격히 저하되어 오히려 맛을 제대로 느끼지 못하게 되므로 얼음 통에 와인을 너무 오랫동안 넣어두면 안 된다. 발포성 와인은 보통 3기압에서 6기압 정도의 압력으로 병입되어 있는데 온도가 상승하면 가스의 움직임이 활발해져 마개를 여는 것과 동시에 많은 양의 가스가 분출되어 버린다. 따라서 차게 하여야 하나 일부 고급 Champagne은 그 맛과 향을 즐기기 위해 8~10℃ 정도까지 온도를 높여 마시는 것이 좋다.

2) 디캔팅(Decanting)의 정의

디캔팅이란 병속에 있는 와인을 다른 용기에 옮겨 담는 행위를 말한다.

3) 디캔팅의 목적

3-1. 디캔팅의 목적 중 가장 중요한 부분은 침전물 제거

올드 빈티지, 포트와인, 그리고 filtering(여과)이나 fining(청징)을 하지 않은 와인의 경우는 탄닌과 안토시아닌색소가 결합한 와인찌꺼기가 많으므로 디캔팅이 필요하다.

3-2. 숙성이 덜 된 거친 와인의 경우 와인을 공기와 접촉하여 와인의 맛과 향을 보다 부드럽고 풍성하게 해주기 위해서 필요하다.

⑥ 국가별 와인

6-1. 프랑스 와인

프랑스 와인의 3대 와인산지로는 보르도, 부르고뉴, 샹파뉴이다.

이 외에 론, 샤블리, 르와르, 알자스, 보졸레 등이 있다.

프랑스 와인의 등급은 A.O.C 법(Appellation d'Origine Contrôlée : 원산지
명칭 통제법)에 의해 관리, 통제되는데, 프랑스에서 생산되는 모든 와인은 AOC,
VDQS, Vin de Pays, Vin de Table 4가지로 등급이 분리되어 철저하게 관리되고
있다.

1) 프랑스 와인산지별 주요 특징

(1) 보르도(Bordeaux)

- 주품종(레드) : 카베르네쇼비뇽, 멜롯
- 주품종(화이트) : 쇼비뇽블랑, 세미용

프랑스에서 가장 우수한 와인산지 중 하나로서 샤토와인을 주로 생산한다.

보르도의 소테른지역에서는 귀부포도(Noble Rot)로 만든 세계최고의 디저트와
인인 샤토디켐을 생산한다.

독일의 트로겐베렌아우스레제, 헝가리의 토카이 등도 이런 방식으로 생산되는
디저트 와인이다. 가장 유명한 곳은 샤또 디껨(Château d'Yquem)으로 세계에서
가장 비싼 와인을 만드는 곳이다. 포도나무 한그루에서 한잔의 포도주가 만들어
진다고 한다.

(2) 부르고뉴(Bourgogne)

- 주품종(레드) : 피노누아
- 주품종(화이트) : 샤르도네

보르도와 함께 프랑스의 2대 와인산지 중 하나이다.

보르도처럼 대규모의 샤또(Château)가 없고, 소규모의 개인 영세 포도밭이 천 조각처럼 촘촘히 이어져 있는 것이 특징이다. 대신에 중간 양조업체인 네고시앙 (Negociant)이 영세 포도원들로부터 포도를 사들여, 대규모로 양조하여 출하하므로 네고시앙의 명칭이 중요한 위치를 차지한다.

(3) 샹파뉴(Champagne)

- 주품종(레드) : 피노누아, 피노 뫼니에
- 주품종(화이트) : 샤르도네

샹파뉴(Champagne)라는 말은 영어로 샴페인이라 발음하는데, 오직 프랑스의 샹파뉴 지역에서 생산된 발포성 와인에만 그 이름을 사용할 수 있다.

샴페인을 만드는데 쓰이는 포도품종은 피노 누아(Pinot Noir), 피노 뫼니에 (Pinot Meunier), 샤르도네(Chardonnay) 3가지이다.

이 외에 샹파뉴 블랑 드 블랑(Blanc de Blanc) 영어로 White of White라는 뜻으로 화이트 포도 품종인 샤르도네 한 가지 품종으로만 만든 샴페인이다. 상표에 'Blanc de Blanc'으로 표기한다.

또한, 샹파뉴 블랑 드 누아(Blanc de Noirs)는 영어로 White of Black란 뜻으로 레드 포도 품종인 피노 누아와 피노 뫼니에 두 가지 품종으로만 만든 샴페인이다. 상표에 'Blanc de Noirs'로 표기한다.

(4) 발레 뒤 론(Vallée du Rhône)

- 주품종(레드) : 시라, 그르나슈
- 주품종(화이트) : 비오니에, 마르산느

프랑스에서 랑그독루시옹에 이어 2번째로 큰 생산지인 이 지역은 주로 레드와인을 생산하는 지역으로서 북부론은 강렬한 스파이시함의 특징을 지닌 시라(Syrah)가 주품종이고, 남부론은 그르나슈(Grenache)가 주로 생산된다.

(5) 샤블리(Chablis)
- 주 품종(화이트) : 샤르도네

프랑스 최고의 드라이 화이트와인 생산지로서 샤르도네 품종이 주품종이다.
양질의 드라이샤블리 와인은 석화(굴)와 환상의 궁합을 보이기도 한다.
샤블리 와인은 다음과 같은 4등급으로 이루어져 있다.

- 샤블리 그랑 크뤼(Chablis Grand Cru)
- 샤블리 프르미에 크뤼(Chablis Premièrs Cru)
- 샤블리(Vins de Chablis)
- 쁘띠 샤블리(Petit Chablis)

(6) 르와르(Loire)
- 주 품종(레드) : 카베르네 프랑, 카베르네 쇼비뇽
- 주 품종(화이트) : 슈냉블랑, 쇼비뇽블랑, 샤르도네

르와르의 포도 산지는 4개 지역으로 나뉘는데 르와르강 상류에서부터 하류 대서양 연안까지 길게 분포해 있다. 강 상류의 상트르(Centre)와 하류로 향하면서 뚜렌느(Touraine) 지역, 앙주-소뮈르(Anjour-Saumure) 지역, 낭뜨(Nantes) 지역이다.

(7) 알자스(Alsace)
- 주 품종(레드) : 피노누아
- 주 품종(화이트) : 리슬링, 게뷔르츠트라미너, 피노그리

지리적으로 독일과 붙어 있는 이 지역의 와인은 주로 독일품종이 많이 심어지고 병 모양도 독일와인과 모양이나 색깔이 비슷하며 포도 품종을 병에 표시하는 것도 같다.

(8) 보졸레(Beaujolais)

• 주 품종(레드) : 가메

99%가 레드 와인을 생산하며 포도품종은 가메(Gamay)이다.

가메로 만든 와인은 색깔이 아주 엷고 밝으며 향기가 아주 화려하다. 떫은맛이 적고 신맛이 신선함을 더해주는 와인이다.

매년 11월 셋째 주 목요일에 출하되는 보졸레 누보는 햇 포도주의 상징으로 전세계인의 축제로 자리 잡았다.

Tip

보졸레 누보(Beaujolais Nouveau) : 프랑스 보졸레 지역에서 가메품종으로 만든 독특한 방식의 와인으로서 그해 수확한 가메품종을 가지고 발효부터 최종 병입 및 출하에 이르기까지 그해에 마치는 와인이다. 짧은 기간에 이 모든 양조과정을 마치게 되므로 특히 발효와 숙성기간이 매우 짧아서 와인이 매우 가볍고 과일향이 풍성한 특징을 지니게 된다. 참고로 11월 셋째주 목요일 자정에 전세계에 출시하는 와인이다.

2) 프랑스의 와인 관련 법률

(1) A.O.C.(Appellation d' Origine Contrôlée) : 원산지 통제명칭 와인

프랑스 와인의 최상급 품질을 의미하며 생산지역, 포도품종, 알코올 함량 도수, 헥타르 당 생산량, 포도재배방법, 양조법 등에 있어서 엄격한 관리감독을 하는 와인이다.

(2) VDQS(Vin Delimites de Qualite Superieure) : 우수품질 제한 와인

AOC로 올라가기 위한 대기단계로 볼 수 있으며, AOC 등급만큼 엄격한 품질관리를 한다.

(3) VIn de Pays(뱅 드 뻬이) : 지방 와인

여러 지방의 포도주를 조합하여 만든 뱅 드 따블과는 달리 뱅 드 뻬이는 특정 지방에서 재 배된 포도만으로 생산되고 정확한 규격에 따라 제조되어야만 한다.

(4) Vin de Table(뱅 드 따블) : 테이블 와인

전체 생산량 중 40% 이상의 가장 많은 생산비율을 가진 등급의 와인으로서 가장 낮은 품질등급의 와인이다. 가격이 저렴해서 프랑스에서 가장 많이 일상적인 식사 때 소비되는 와인이다.

새로운 프랑스 와인등급

1935년 프랑스의 AOC 제도가 시행된 이후 프랑스의 환경적인 변화, 즉 떼루아의 변화 및 프랑스 와인의 질적인 향상을 위하여 2009년부터 시행하도록 되어있는 프랑스 와인등급은 다음과 같다.

이 새로운 등급표기법은 2012년 출시되는 와인의 라벨에 적용이 되는데, 아직까지 많은 와인생산자와 제조회사들은 기존의 와인등급 표시를 사용하고 있는 게 현실이다.

프랑스 3단계 와인등급 체계

- AOC → AOP(Appellation d'Origine Protégée, 아펠라시옹 도리진느 프로테제) : 최상위 등급
- VDQS → 삭제(기존 VDQS에 해당되는 와인들은 등급조정을 통해 AOP나 IGP로 변경예정)
- Vin de Pays → IGP(Indication Géographique Protégée, 인디까시옹 제오 그라피끄 프로테제)
- Vin de Table → Vin de France

6-2. 이탈리아 와인

이탈리아는 전세계 와인생산국 가운데 생산량 1위를 차지한다. 와인 소비량은 세계 2위이다.

이탈리아 와인은 프랑스와 비교하여 화이트와인의 비율이 높은 편이고, 품질은 북쪽의 피에몬테, 베네토, 토스카나 등의 와인이 잘 알려져 있다.

1) 이탈리아 와인산지별 주요 특징

(1) Piedmont(Piemonte) 피에드몽(피에몬테)
- 주 품종(레드) : 네비올로, 바르베라
- 주 품종(화이트) : 모스카토
- 대표 와인 : 바롤로 DOCG, 바르바레스코 DOCG

(2) Tuscany(Toscana) 투스카니(토스카나)
토스카나는 세계적으로 유명한 이탈리아 키안티 와인의 본고장이다.

- 주 품종(레드) : 산지오베제
- 주 품종(화이트) : 트레비아노
- 대표 와인 : 키안티, 브루넬로 디 몬탈치노

(3) Veneto 베네토
네토(Veneto) 지역은 곤돌라로 유명한 베네치아(Venezia-Venice)가 중심 도시로 이탈리아에서 피에몬테, 토스카나 다음으로 유명한 레드와인 생산지이다.

- 주 품종(레드) : 산지오베제
- 주 품종(화이트) : 트레비아노
- 대표 와인 : 소아베, 발폴리첼라

2) 이탈리아의 와인관련 법률

(1) DOCG(Denominazione di Origine Controllata Garantita
(데노미나지오네 디 오리진 콩트롤라타 가란티타)
원산지 통제표시 와인으로 정부에서 보증한 최상급 와인을 의미하며 엄격한 법정요건을 충족시켜야 하며, 품질에 대한 Blind Taste 시험에 통과하여야 한다

(2) Denominazione di Origine Controllata-DOC
(데노미나지오네 디 오리진 콩트롤라타)

한정된 생산 지역에서 지정된 품종과 헥타르당 포도 최대 수확량, 최소 알코올량, 가지치기와 가지 엮는 방식, 와인양조방법, 숙성 요구조건 등 양조방법을 비롯한 각종 와인 제조 방법에 대한 기준에 따라 제조된 와인이다.

(3) Indicazione Geografica Tipica-IGT
(인디까지오네 제오그라피까 티삐까)

이탈리아 내에서 특정한 지역으로부터 만든 와인에 표시하며, 프랑스의 Vin de Pay에 해당하는 와인이다.

(4) Vino da Tavola-VDT(비노 다 따볼라)

이탈리아 전체 지역에서 생산된 와인을 표시한다.

테이블 와인이라는 뜻으로 유럽 연합(EU)의 품질 분류상 보통와인에 속한다.

6-3. 독일 와인

독일은 와인을 생산하는 국가 중 최북단에 위치하고 있으며, 이로 인한 추운 기후로 인하여 대부분은 화이트품종으로 화이트와인을 생산한다. 프랑스와 마찬가지로 EU(유럽연합)의 규정에 의해 와인의 등급을 보통와인과 고급 와인의 2가지로 크게 구분하고 이것을 다시 2가지로 구분하여 총 4개의 등급체계를 유지하고 있다.

- 주 품종(레드) : 슈패트부르군더(Spätburgunder-Pinot Noir)
- 주 품종(화이트) : 뮐러 투르가우 17%, 실바너 10%, 리슬링
- 대표 와인 : 디저트와인인 아이스바인(Ice Wein)
  스파클링 와인인 젝트(Sekt)

1) 독일의 와인관련 법률

(1) 도이처 타펠바인(Deutscher Tafelwein)

테이블 와인으로 100% 독일의 Tafelwein 지역에서 재배된, 허가된 품종으로만 만들어야 한다. 빈티지가 나쁜 해에는 설탕을 첨가하거나 머스트(Must)를 농축하여 당도를 높인 후 발효시키는 것이 허용된다.

(2) 란트바인(Landwein)

프랑스의 뱅 드 페이(Vins de Pays)에 해당하는 와인으로 반드시 생산지역을 표기해야 하며 보당이 허용된다.

(3) 크발리테츠바인(Qualitätswein)

'Quality Wine'이란 뜻으로 각 지역에 승인된 포도를 원료로 생산된 고급와인이다. 약칭으로 'Q.b.A'와 'Q.m.P'의 2등급이 있으며 'Q.m.P'는 다시 6개의 등급으로 나누어진다.

① Q.b.A.(Qualitätswein bestimmter Anbaugebiete)

독일 와인 중 생산량이 가장 많은 등급이며 약간 단맛이 있고 가볍고 상쾌하며 향이 좋다. '한정 생산지역 고급 와인'이란 뜻의 와인 등급이다.

② Q.m.P(Qualitätswein mit Prädikat)

'등급이 있는 고급 와인'이란 뜻의 최고급 와인 등급이다. 발효 시 일체의 보당이 허용되지 않으며 와인의 당도와 생산방법에 따라 6개의 등급으로 다시 분류된다. 이 등급의 와인은 상표에 'Qualitätswein mit Prädikat' 표시, 등급, 공식 와인 감정 합격번호(A.P.Nr), 와인 생산자 및 주소를 반드시 표기해야 한다.

● 카비네트(Kabinett)

잘 익은 포도로 제조하며 섬세하고 가볍다.

● 슈패트레제(Spätlese)

'Late Harvest'이란 뜻이며 정상 수확시기보다 1주 이상 늦게 수확하여 포도의 당도를 높여 만든 와인으로 맛과 향이 더 강하고 단맛도 카비네트보다 더 달다.

● 아우스레제(Auslese)

'Selected Picking'이란 뜻으로 포도송이에서 완전히 익지 않은 포도 알을 일일이 골라낸 후 잘 익은 포도로만 만든 와인으로 색이 진하고 단맛과 향이 더 강하다.

● 베렌아우스레제(Beerenauslese)

완전히 익은 포도 알만 알알이 따서 만든 와인이다. 완전히 귀부 병(Noble Rot) 상태의 포도를 사용하는 것은 아니지만 보통 귀부 병 현상이 진행된 포도를 사용하며 좋은 향미와 진한 단맛을 지녀 디저트용으로 이용한다.

● 아이스바인(Eiswein)

포도가 베렌아우스레제 이상으로 완전히 익어도 수확하지 않고 포도나무에 그대로 둔 다음 기온이 영하 6도 이하로 떨어지는 12월과 1월 중 새벽에 포도를 수확하여 언 상태로 착즙하여 만든 와인이다.

● 트로켄베렌아우스레제(Trockenbeerenauslese)

귀부병(Noble Rot)이 걸린 포도로 만든 와인으로 향기가 풍부하고 달고 진한 맛의 최고급 와인이다.

6-4. 스페인 와인

스페인은 포도 재배 면적이 세계 최대이고 와인 생산량에서 프랑스, 이탈리아에 이어 세계 3위를 기록할 만큼 대단히 많은 양의 와인을 생산하는 나라이다.

스페인의 유명 와인지역으로는 셰리 와인으로 유명한 남부의 헤레스, 스페인의 최대생산지인 중부의 라만차, 스페인에서 가장 비싼 와인을 생산하는 리베라 델 두에로, 보르도 스타일의 고급 와인을 생산하는 북부의 리오하, 화이트, 발포성 와인, 카바 등 최신기술을 사용한 고급 와인을 생산하는 동북부의 페네데스 지역이다.

- 주 품종(레드) : 가르나차, 보발, 템프라니요
- 주 품종(화이트) : 아이렌, 마카베오, 팔로미노
- 대표 와인 : 셰리와인(주정강화와인)

1) 셰리(Sherry)와인

발효가 끝난 일반 와인에 브랜디를 첨가하여 솔레라시스템 이라는 반자동 블렌딩과정을 통해 저장 및 숙성시킨 알코올 도수를 높인 스페인 와인으로 포르투갈의 포트와인(Port Wine)과 함께 세계 3대 주정 강화 와인이다.

드라이한 스타일부터 스위트한 스타일까지 다양하게 생산되나 일반적으로 드라이한 FINO(피노)타입의 셰리가 식사 전에 식욕을 촉진시켜 주는 식전와인(Aperitif Wine)으로 주로 이용된다.

2) 셰리(Sherry)의 종류

① 피노(Fino)

피노(Fino)는 드라이한 스타일로서 샴페인 브뤼와 함께 대표적인 식전와인이다.

② 아몬티야도(Amontillado)

아몬티야도는 Fino를 좀더 숙성시킨 것으로 색깔이 Fino보다 짙은 호박색이며 짙은 맛과 향이 난다.

③ 만사니야(Manzanilla)

셰리 가운데 기후에 가장 민감한 타입이다.

④ 올로로소(Oloroso)

주로 스위트 와인과 블렌딩하여 달콤한 디저트용인 Cream Sherry를 만드는 데 사용한다.

⑤ 크림 셰리(Cream Sherry)

크림 셰리는 Oloroso에 Sweet Wine을 블렌딩하여 당도를 7도에서 10도까지 높인 셰리이다.

6-5. 포르투갈 와인

포르투갈은 달콤한 디저트 와인의 대명사인 강화와인인 포트(Port)와인과 마데이라(Madeira)와인으로 유명하다.

1) 포트(Port)와인

● 주품종 : 토우리가 나시오날(Touriga Nacional)

포트와인은 포도즙의 천연당분이 절반가량 변화되었을 때 발효를 중지시키기 위해 알코올 강도가 77%인 무색의 포도브랜디를 넣어서 효모를 죽여 발효를 중지시키게 된다.

이로 인해 알코올 도수가 약 20% 정도까지 강화되고, 잔여당분이 약 10%인 스위트한 포트와인이 만들어진다.

2) 포트(Port)의 종류

(1) 화이트 포트 : 병 숙성기간이 거의 없는 백포도로 만든 와인

(2) 루비 포트 : 병 숙성기간 없이 바로 출시되는 와인

(3) 영토니 포트 : 루비포드와 마찬가지로 숙성기간을 특별히 표시하지 않는 토니라고도 함

(4) 에이지드토니 포트 : 10년, 20년, 30년 등의 표시가 있는 토니 포트로서 여러 빈티지의 포트들을 블렌딩한 와인

(5) 빈티지 포트 : 특별히 좋은 해의 경우 다른 해의 와인과 블렌딩 하지 않고 오크통에서 2년간의 숙성기간을 거친 후 부드럽게 한 뒤 병에서 오랜시간 동안 숙성시킨 포트로서 최고급 포트와인이다.

PART 3

칵테일의 이해

PART 3
칵테일의 이해

1. 칵테일의 개요

1-1. 칵테일의 정의

뉴욕의 Federal newspaper에 처음으로 'cocktail'이란 단어가가 정의 되었을 당시 '칵테일이란 어떤 종류의 증류주, 설탕, 물 그리고 비터로 구성된 자극적인 술'이라고 쓰였었다.

또한, 칵테일의 사전적인 의미는 "하나 또는 몇 종류의 양주(洋酒)에 과즙이나 감미제, 향료 등을 섞고 얼음을 넣어 혼합한 술."이라고 정의하고 있다.

칵테일이란 두 가지 이상의 알코올성 음료를 혼합하여 만든 것으로 알코올성 음료에 또 다른 알코올성 음료를 혼합하거나 또는 과즙류나 우유, 달걀, 시럽 등 다른 부재료 등을 혼합하여 색, 향, 맛을 조화 있게 만드는 음료이다. 술을 제조 된 그대로 마시는 것을 스트레이트 음료(Straight Drink)라고 하며, 섞어서 마시는 것을 믹스 음료(Mixed Drink)라고 한다. 따라서 칵테일(Cocktail)은 믹스 음료 (Mixed Drink)에 속한다.

칵테일은 주재료와 부재료로 구분되는데 주재료는 기주로 기본이 되는 술 베이스(Base)라고 하며, 위스키, 브랜디, 진, 럼, 보드카, 데킬라 등이 있으며, 그밖에 리큐어, 와인, 맥주, 전통주, 소주 등이 있다. 부재료로는 주스류나 탄산음료, 계란, 우유, 시럽 류 등이 있다.

1-2. 칵테일의 특징 및 매력

칵테일은 맛과 향의 예술이라 칭할 수 있듯이 마시는 사람의 기호와 취향에 따라 그 맛과 향을 달리 즐길 수 있고, 여러 가지의 재료와 그 기술로 칵테일을 만들어 모든 사람을 즐겁게 만들 수도 있어 술의 예술품이라 할 수 있다.

칵테일은 함께 먹는 음식의 종류와 마시는 때에 따라 종류를 달리할 수 있으며 단맛, 쓴맛, 신맛 등 여러 가지 변화를 줄 수 있는 특색을 가진 음료로써 분위기와 사람의 시각, 후각, 미각을 모두 즐길 수 있는 매력덩어리이다.

1-3. 칵테일의 어원

칵테일의 관한 어원은 수많은 어원들을 가지고 있으나 어느 것이 칵테일의 정확한 어원인지는 알려져 있지 않다. 칵테일의 여러 가지 설이 있지만 그 중에서도 다음과 같은 몇 가지의 설은 널리 알려지고 있다.

1. 멕시코 유카탄 반도에 있는 캄페체란 항구 도시에 영국배가 기항했을 때 상륙한 선원들이 어느 바에 들어가자 카운터 안에서 한 소년이 껍질을 벗긴 나뭇가지를 이용하여 맛있어 보이는 혼합주 드락스(Drace)라고 하는 원주민의 혼합음료를 만들고 있었다고 한다. 당시 영국 사람들은 스트레이트로만 마셨기 때문에 그 소년에게 그 혼합주에 대해 물었봤더니, 소년은 젓고 있는 나뭇가지의 이름을 묻는 줄 알고 "Cora De Gallo"(콜라 데 가죠)라고 답했다고 한다. "Cora De Gallo"(콜라 데 가죠)는 스페인어로 수탉의 꼬리란 뜻으로 소년은 나뭇가지의 모양이 수탉의 꼬리처럼 생겼다고 생각되어 말했으나 영국 선원들은 그 혼합주의 이름이라고 생각했는데 "Cora De Gallo"(콜라 데 가죠)를 영어로 뜻하면 "Tail of Cock"(테일 오브 콕)이 된다. 그 말이 "Cocktail"로 줄여 불리게 되었다고 한다.

2. 19C 중엽 미국의 허드슨강 부근에 윌리엄 클리포드라는 사람이 선술집을 경영하고 있었는데 그에게는 세 가지의 자랑거리가 있었다고 한다.

하나는 강하고 늠름한 선수권을 갖고 있는 수탉이었고, 또 다른 하나는 그의 술창고에 세계의 명주를 가지고 있다는 것이었다고 한다. 마지막 하나는 마을에서 가장 아름다운 외동딸 '에밀리'였다고 한다.

그 당시 허드슨강을 왕래하는 화물선의 선원이며 에밀리와 연인사이였던 '애푸루운'이라는 젊은 사나이가 이 선술집에 매일 밤 드나들었다. 윌리엄은 항상 애푸루운을 보고 "자네가 선장이 되면 에밀리와 결혼을 시킬 것이니 반드시 훌륭한 선장이 되어 다오."라고 말하였고, 몇 년 뒤 애푸루운은 선장이 되어 에밀리와 결혼을 하게 되었다.

윌리엄은 너무 기뻐서 가지고 있는 고급술을 여러 가지와 혼합하여 수탉의 아름다운 꼬리털로 저어서 "코크테일(수탉의 꼬리 만세)"라고 외쳤던 것이 그 후부터 Cocktail이라고 불리게 되었다고 한다.

3. 미국 독립전쟁 당시 버지니아 기병대에 '패트릭 후라나간'이란 한 아일랜드인이 입대하게 되었다. 그러나 그는 입대한지 얼마 되지 않아서 전장에서 죽어버렸다. 그의 부인이었던 '베시'라는 여인은 남편을 잊지 못하고 죽은 남편의 부대에 종군할 것을 희망하였다. 부대에서는 하는 수 없이 그녀에게 부대의 술집을 경영하도록 하였다. 그녀는 특히 브레이서(Bracer)라고 부르는 혼합주를 만드는데 소질이 있어 군인들의 호평을 받았었다. 그러던 어느 날 그녀는 반미 영국인 지주의 정원에 들어가 지주의 닭을 훔쳐서 장교들을 위로하였는데 장교들은 닭의 꼬리로 장식된 혼합주를 밤새 마시며 춤을 추고 즐겼다고 한다. 그런데 만취되어 있던 어느 한 장교가 "응 정말 맛있는 술이야"라고 해서 그 후 부터 그 혼합주를 Cocktail 이라고 한 것이 다른 혼합주도 Cocktail로 부르게 되었다고 한다.

1-4. 칵테일의 역사

1. 아케익(Archaic)시대

1783년부터 1830년까지의 기간을 아케익 시대라고 한다. 이 시기에는 펀치와 줄렙이 유행했으며, 칵테일이라는 단어가 처음 등장한 시기이기도 하다. 칵테일에 대한 첫 기록은 1803년 4월 28일자 뉴햄프셔의 신문에서 등장했으며, 1806년 5월 13일 뉴욕 허드슨 시의 일간지에서 칵테일의 정의가 처음 언급되었다. 당시 기록에 따르면 칵테일은 설탕, 물, 비터스 등 여러 알코올 음료를 혼합해 만든 흥분성 음료로 Bittered Sling 이라고 불리기도 하였다. 즉, 지금과 같은 광범위한 믹스드 드링크가 아닌 한 가지 스타일의 혼합주를 칵테일로 불렀던 것이 후에 점차 확대된 것이다.

2. 바로크(Baroque)시대

1830년부터 1885년까지의 기간을 바로크 시대라고 한다. 얼음이 칵테일에 처음 사용된 것은 1806년이지만, 바로크 시대에 접어들면서 본격적으로 얼음을 칵테일에 사용하기 시작했다.

이는 1834년 런던에서 Jacob Perkins에 의해 얼음을 오래 보관할 수 있는 기계가 발명되었기 때문이다. 그 후 1859년 프랑스인 Ferdinand Carre에 의해 냉동기가 발명되면서 인공 얼음을 대규모로 생산할 수 있게 되었고, 이후 칵테일이 여러 나라에 성공적으로 퍼질 수 있는 원동력이 되었다.

또한 1862년 뉴욕에서는 Jeremiah P Thomas에 의해 최초의 칵테일 도서가 출간되었다. 바텐더의 시조로 불리며 그에게 감탄한 고객들이 "교수"라는 별명을 붙여 주었다는 제리 토마스는 블루 블레이저, 톰과 제리 등의 다양한 칵테일들을 만들었다.

3. 클래식(Classic)시대

클래식 시대는 1885년부터 금주법이 제정된 1920년까지의 시대로, 다양한 글라스와 도구가 발달했고, 버무스와 다양한 과일 주스가 칵테일의 재료로 사용되었다. 브랜디와 홀랜드 진이 유행했던 바로크 시대와 달리, 클래식 시대에는 위스키와 드라인 진을 사용한 칵테일이 유행하였다. 또한 미국의 칵테일 문화가 유럽으로 전파되면서 칵테일 문화가 점차 확대되었다. 산업혁명부터 금주법 직전까지의 시대를 통들어서 칵테일의 황금기(Golden Age)라고 한다.

4. 금주법(Prohibition)시대

미국의 금주법이 있었던 1920년부터 1933년까지의 시기는 칵테일 역사에서 매우 중요한 시기이다. 이 시기에는 불법 증류소가 늘어나고 밀수가 성행하면서 정부의 단속을 피하는 불법 주류 밀매점이 생겨났는데, 이를 스피크이지(Speakeasy) 또는 블라인드피그(Blind pig)라고 칭했다. 몇몇 바텐더들은 금주법을 피해 쿠바로 망명을 떠났고, 모히토, 다이키리 등 쿠바의 럼을 사용한 새로운 칵테일들이 등장했다. 한편, 유럽으로 망명을 떠난 바텐더들은 아메리카노, 사이드카 등의 새로운 칵테일들을 발명하였다. 결과적으로 미국의 금주법은 칵테일과 미국의 바 문화가 국제적으로 퍼지고, 그들의 여러 문화와 융합하도록 만들었다. 1933년 미국에서 금주법이 해제되자 칵테일은 전성기를 맞이하게 되었으며, 제2차 세계대전을 계기로 세계적인 음료가 되었다.

이후, 우리나라에 칵테일이 들어온 것은 그 연대가 확실하지 않으나 1888년 우리나라 최초로 세워진 '대불호텔'과 1902년 현재의 서울 정동 이화여중 자리에 객실, 식당, 연회장을 갖춘 호텔로 건립되었던 '손탁 호텔; 등 근대 호텔의 등장과 함께였을 것으로 보인다.

그 후 1980년대에 들어서 신라, 하얏트, 롯데 호텔의 개관으로 새로운 칵테일 문화가 정착하기 시작하였다.

1989년 5월 씨그램 후원으로 건전한 주류문화 정착을 위해 한국칵테일아카데미를 설립하여 바텐더 양성 프로그램을 운영하였으며, 1992년 3월에 씨그램 스쿨로 명칭을 변경하였다.

2000년 7월에 디아지오 코리아에서 인수하면서 조니워커 스쿨로 명칭을 변경하였고, 2013년 9월에는 월드 클래스 아카데미로 이름을 바꿔 운영하고 있다.

우리나라 칵테일산업은 1990년대 외식산업의 발달로 웨스턴바가 등장하면서 칵테일이 대중화되어서 인기 있는 산업으로 발전해왔다. 1990년대 말 외환위기 때 주류산업의 위축으로 어려움을 겪다가 2010년부터 싱글몰트 위스키의 인지도가 높아지면서 칵테일 산업과 바 문화가 활성화되어가는 추세이다. 정부가 인정한 유일한 사단법인 한국바텐더협회는 1998년 12월 현직 바텐더를 중심으로 창립총회를 열고, 이듬해 1999년 보건복지부로부터 사단법인 인가를 받은 이래 지금까지 다양한 음료(칵테일, 와인, 전통주, 티 등)교육은 물론, 우리나라 바텐더 및 칵테일 문화 발전에 큰 역할을 하였고, 특히 2013년 농림축산식품부로부터 유일하게 우리술 칵테일 조주전문가 양성과정 인가를 받고, 2014년에는 평생교육원까지 등록하여 활발한 활동을 펼치면서 바텐더 양성과 전문가들의 교류의 장으로서 역할을 이어가고 있다.

2015년 하반기에는 우리나라에서 유일한 우리술 조주사 자격증과정을 운영하면서, 우리술에 대한 매력을 널리 알리기 위해서도 노력하고 있다.

PART 4

칵테일의 분류

PART 4
칵테일의 분류

1. 용량에 따른 분류

1) 숏 드링크 칵테일(Short Drink Cocktail)

180ml 미만의 칵테일을 말하며, 향 위주와 차가울 때 마시는 칵테일이 대부분이므로 천천히 음미하면서 마시기보다는 빠르게 마셔주는 것이 좋다. 대표적인 칵테일로는 마티니(Martini), 맨해튼(Mahattan), 사이드 카(Side Car), 김렛(Gimlet), 다이커리(Daiquiri) 등이 있다.

2) 롱 드링크(Long Drink Cocktail)

180ml 이상의 칵테일을 말하며, 대부분 글라스에 얼음이 들어가 있고 양이 많은 것으로 천천히 마시는 것이지만 얼음이 녹기 전에 마시는 것이 좋다. 대표적인 칵테일로는 준벅(Jun Bug), 탐 칼린스(Tom Collins), 싱가폴 슬링(Singapore Sling), 모히토(Mojito), 진토닉(Gin Tonic) 등이 있다.

2. 맛에 따른 분류

1) 스위트 칵테일(Sweet Cocktail)

단맛이 강한 칵테일이다. 대표적인 칵테일로는 피나콜라다(Pina Colada), 데킬라 선라이즈(Tequila Sunrise) 등이 있다.

2) 사워 칵테일(Sour Cocktail)

신맛이 매력적인 칵테일이다. 대표적인 칵테일로는 브랜디 사워(Brandy Sour), 위스키 사워(Whisky Sour) 등이 있다.

3) 드라이 칵테일(Dry Cocktail)

단맛의 특징보다는 전체적으로 드라이하고, 알코올 도수도 비교적 높은 칵테일이다. 대표적인 칵테일로는 마티니(Martini), 맨해튼(Manhattan), 알래스카(Alaska) 등이 있다.

3. 용도에 따른 분류

1) 식전주(Aperitif Cocktail)

식욕을 촉진하기 위한 식전 칵테일로서 기본적으로 달지 않고 쓴맛과 신맛이 특징이다. 대표적인 칵테일로는 캄파리 소다(Campari Soda), 네그로니(Negroni), 올드 패션드(Old Fashioned), 김렛(Gimlet), 진피즈(Gin Fizz) 등이 있다.

2) 올데이 타입 칵테일(All Day Type Cocktail)

특별한 식전, 식후의 성격을 지니지 않고 편하게 마시는 칵테일이다. 대표적인 칵테일로는 쿠바 리브레(Cuba Libre), 롱아일랜드 아이스티(Long Island Iced Tea), 모히토(Mojito), 마가리타(Margarita) 등이 있다.

3) 식후주(After Dinner Cocktail)

식후에 마시는 칵테일로서 디저트와 같은 달콤, 크리미한 것이 특징이다. 대표적인 칵테일로는 비엔비(B&B), 피나 콜라다(Pina Colada), 에스프레소 마티니(Espresso Martini), 준벅(Jun Bug) 등이 있다.

4. 온도에 따른 분류

1) 핫 드링크(Hot Drink)

따뜻한 물이나 커피를 가지고 만든 따뜻한 칵테일을 말한다. 대표적인 칵테일로는 아이리쉬 커피(Irish Coffee), 핫 토디(Hot Toddy)가 있다.

2) 콜드 드링크(Cold Drink)

칵테일은 얼음이 들어가므로 대부분들이 차가운 칵테일이다.

5. 형태에 따른 분류

1) 하이볼(High Ball)

하이볼은 믹스하는 스타일에 따라 빨리 섞어 칵테일을 담는 용기라는 의미를 지니고 있다. 1980년대에 St. Louis의 철로에 사용되었던 장치에서 유래된 형태로서 기차가 서고 갈 때 철로변의 높은 기둥위의 깜빡이던 등을 하이볼이라 하였다. 깜박이는 하이볼 신호의 짧은 사이에 섞어서 마시고 다시 잔을 돌려주던 음주풍습에서 유래되었다.

요즘에는 하이볼 글라스(Hiball Glass)에 담겨지는 일반적인 롱 드링크 칵테일을 말하고 있다. 하이볼 글라스(Hiball Glass)에 베이스(기주)와 얼음을 넣고 각종 탄산음료를 혼합하여 만드는 칵테일이다. 대표적인 칵테일로는 쿠바 리브레(Cuba Libre), 모스코 뮬(Moscow Mule) 등이 있다.

2) 피즈(Fizz)

탄산 음료를 개봉할 때나 따를 때 '피'하고 나는 소리에서 붙여진 이름이다. 진 등의 증류주나 리큐어 등을 베이스(기주)로 설탕과 라임이나 레몬주스를 넣고 쉐이크해서 하이볼 글라스에 넣고 소다수로 채워주는 칵테일이다. 대표적인 칵테일로는 진 피즈(Gin Fizz), 슬로우 진 피즈(Sloe Gin Fizz) 등이 있다.

3) 칼린스(Collins)

불어로 굴뚝이라는 뜻을 가지고 있다. 증류주에 레몬이나 라임즙을 넣고 설탕을 넣은 뒤 소다수로 채우는 칵테일이다. 대표적인 칵테일로는 탐 칼린스(Tom Collins), 존 칼린스(John Collins) 등이 있다.

4) 사워(Sour)

증류주에 레몬주스와 설탕을 넣어 쉐이크해서 온더락글라스를 사용하고 레몬 체리로 장식하는 시큼한 맛의 칵테일이다. 대표적인 칵테일로는 위스키 사워(Whiskey Sour), 브랜디 사워(Brandy Sour) 등이 있다.

5) 슬링(Sling)

피즈(Fizz)와 비슷하나 용량이 많고 리큐어를 첨가하여 부드러운 맛의 칵테일이다. 대표적인 칵테일로는 싱가폴슬링(Singapore Sling)이 있다.

6) 코블러(Cobbler)

미국에서 시작된 음료로 '구두 수선공' 이라는 뜻으로 여름철 더위를 식히기 위한 음료이다. 텀블러 글라스에 과일 주를 베이스로 크러쉬드 아이스와 설탕을 넣고 만든 칵테일이다. 대표적인 칵테일로는 와인 코블러(Wine Cobbler), 커피 코블러(Coffee Cobbler) 등이 있다.

7) 쿨러(Cooler)

술에다 설탕, 레몬 또는 라임 주스를 넣고 소다수로 채우는 것으로 갈증해소나 청량감을 느끼게 하는 칵테일이다. 대표적인 칵테일로는 와인 쿨러(Wine Cooler), 진 쿨러(Gin Cooler) 등이 있다.

8) 펀치(Punch)

펀치 볼에 술, 과일, 주스, 설탕, 물 등을 넣고 혼합하여 큰 얼음을 띄워서 떠먹는 칵테일이다.

9) 프라페(Frape)

프라페는 프랑스어로 '얼음을 넣어 차게 한 음료수'란 뜻으로 칵테일 글라스에 가루얼음을 채우고 원하는 리큐어를 넣고 스트로우를 꽂아서 제공하는 칵테일이다. 대표적인 칵테일로는 민트 프라페(Menthe Frape)가 있다.

10) 미스트(Mist)

프라페와 만드는 것은 비슷하나 크러쉬드 아이스를 사용하고 용량이 프라페보다 많다. 대표적인 칵테일로는 스카치 미스트(Scotch Mist), 버번 미스트(Bourbon Mist) 등이 있다.

11) 에그녹(Eggnog)

주로 남부 지방 미국인들이 설날 식혜처럼 크리스마스에 즐겨 마시는 음료이다. Eggnog에서 egg는 계란이고, nog는 술의 일종으로 읽으면 '달걀술'이다. 하지만 술만 빼고 제조해 팔기도 한다. 달걀에 우유를 혼합한 칵테일이다. 대표적인 칵테일로는 브랜디 에드녹(Brandy Eggnog) 이 있다.

12) 플립(Flip)

와인을 사용하며 계란 노른자, 설탕이나 시럽을 넣은 후 넛맥가루를 뿌려 만드는 것으로 에그녁과 비슷한 칵테일이다. 대표적인 칵테일로 포트와인 플립(Port Wine Flip), 글로우 진 플립(Sloe Gin Flip) 등이 있다.

13) 데이지(Daisy)

증류주에 레몬이나 라임주스, 그레나딘 시럽(Grenadine Syrup) 또는 리큐어 등을 혼합한 후에 소다수로 채우는 칵테일이다. 대표적인 칵테인은 브랜디 데이지(Brandy Daisy), 진 데이지(Gin Daisy) 등이 있다.

14) 플로트(Float)

술이나 재료의 비중을 이용하여 섞이지 않게 띄우는 칵테일이다. 대표적인 칵테일로는 B52, 푸스 카페(Pousse Cafe) 등이 있다.

15) 토디(Toddy)

하이볼에 설탕을 넣고 증류주를 넣은 후 뜨거운 물이나 차가운 물을 채우는 칵테일이다. 대표적인 칵테일로는 브랜디 토디(Brandy Toddy), 뜨거운 위스키 토디(Whisky Toddy Hot) 등이 있다.

16) 크러스타(Crusta)

술에 레몬주스와 리큐어 또는 쓴맛(비터)류를 넣고 레몬 껍질이나 오렌지 껍질을 넣은 칵테일이다.

17) 스노우 스타일(Snow Style)

글라스 입구가장 자리에 레몬즙을 바르고 소금 혹은 설탕을 묻혀 장식하는 것으로 눈송이 같은 분위기를 연출하는 칵테일이다. 대표적인 칵테일로는 마가리타(Magarita), 키스오브화이어(Kiss of Fire) 등이 있다.

18) 쥴립(Julep)

증류주, 설탕, 민트잎을 넣은 다음 으깨어 민트잎 향이 베어 나오게 한 다음 잘게 부순 얼음(크러시디 아이스)을 채우는 칵테일이다. 대표적인 칵테일로는 민트 쥴립(Mint Julep), 브랜디 쥴립(Brandy Julep) 등이 있다.

19) 스매쉬(Smash)

쥴립과 비슷하나 쉐이브드 아이스를 사용하고, 설탕과 물을 넣고 민트 줄기를 장식한 칵테일이다. 대표적인 칵테일로는 브랜디 스매쉬(Brandy Smash), 위스키 스매쉬(Whisky Smash) 등이 있다.

20) 릭키(Ricky)

증류주에 라임즙을 짜서 넣고 소다수 또는 물로 채우는 달지 않고 상쾌한 칵테일이다. 대표적인 칵테일로는 진 릭키(Gin Ricky), 럼 릭키(Rum Ricky) 등이 있다.

21) 생거리(Sangaree)

와인이나 증류주에 설탕, 레몬주스를 넣은 칵테일로 스페인에서 즐겨 마시는 와인 펀치의 일종으로 상그리아(Sangria) 라고도 한다. 대표적인 칵테일로는 진 상그리아(Gin Sangria), 포트 와인 상그리아(Port Wine Sangria) 등이 있다.

22) 스쿼시(Squash)

과일즙을 짜서 설탕과 소다수를 넣어 만든 칵테일이다. 대표적인 칵테일로는 레몬 스쿼시(Lemon Squash), 오렌지 스쿼시(Orange Squash) 등이 있다.

23) 스위즐(Swizzle)

술에 라임주스 등을 혼합하여 쉐이브드 아이스를 넣고 글라스에 서리가 맺히도록 저어준다. 스매쉬와 비슷하지만 알코올 도수가 낮고 시원한 칵테일이다. 대표적인 칵테일로는 브랜디 스위즐(Brandy Swizzle), 럼 스위즐(Rum Swizzle) 등이 있다.

24) 트로피컬(Tropical)

열대성 칵테일로 과일주스, 시럽 등을 넣어 달고 시원하게 만든 칵테일로 과일로 장식하여 멋을 낸 양이 많은 칵테일이다. 대표적인 칵테일로는 마이타이(Mai Tai), 피나 콜라다(Pina Colada) 등이 있다.

25) 에이드(Ade)

과일즙에 설탕과 물을 넣어 만든 알코올이 안 들어간 음료이다. 대표적인 것은 레몬에이드(Lemon Ade), 오렌지에이드(Orange Ade) 등이 있다.

26) 스트레이트(Straight)

술에 아무것도 넣지 않은 상태로 그 자체 만으로만 마시는 것이다. 이때 입가심용으로 물이나 음료를 취향에 맞게 준비하는데 이런 것을 영어로 체이서(Chaser)라고 한다. 대표적으로 위스키나 브랜디 등을 마신다.

27) 온 더 락스(On the Rocks)

글라스에 얼음만 넣고 아무것도 넣지 않고 술을 따라 마시는 것이다. 대표적으로 위스키를 많이 마신다.

6. 알코올 함유 여부에 따른 분류

1% 이상의 알코올성 음료의 함유 여부에 따라 알코올성 음료와 비알코올성 음료로 나누어진다. 알코올성 음료가 포함된 음료를 섞어서 만든 것들을 칵테일(Cocktail)이라고 하고 알코올성 음료가 들어가지 않은 즉, 주스류, 무알코올성 탄산류, 과일, 허브 등을 혼합하여 만든 것들은 비알콜성 믹스음료(Non Alcoholic Mixed Drink), 목테일(Mocktail)이라고 한다.

PART 5
칵테일의 조주방법

칵테일을 만드는 기법에는 크게 5가지의 기법이 있다.

그것은 바로 쉐이킹/흔들기(Shaking), 스티어링/휘젓기(Stirring), 빌딩/직접넣기(Building), 플로팅 또는 레이어링/띄우기(Floating 또는 Layering), 리밍 또는 프로스팅/묻히기(Rimming 또는 Frosting) 기법이다.

이 외에 블렌딩/갈기(Blending), 머들링/으깨지(Muddling), 스트레이닝/거르기(Straining), 플레이밍/불붙이기(Flaming), 토칭/그을리기(Torching), 롤링(Rolling), 쓰로잉(Throwing) 등과 같은 다양한 기법을 활용하게 된다.

1. 쉐이킹/흔들기(Shaking)

쉐이킹은 칵테일을 만드는 방법 중에서 가장 기본이 되는 것이다. 계란이나 리큐어, 시럽, 크림 등의 잘 섞이지 않는 재료들을 시원하면서도 잘 섞을 수 있는 방법이다.

처음에는 "흔든다"는 개념으로 하지만 프로가 되기 위해서는 "섞는다"라는 개념으로 해야 된다.

1-1. Cobbler Shaker(3-Piece cocktail shaker/Classic Shaker) 사용요령

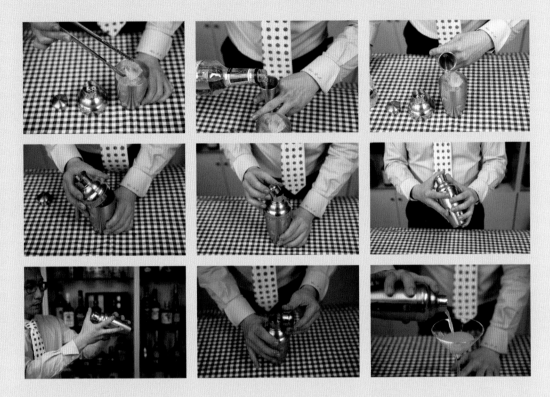

Step 1. 쉐이커 바디부분에 얼음을 2/3 이상 충분히 넣은 후 재료를 지거를 사용하여 정확한 용량을 넣어준다.

Step 2. 스트레이너를 닫은 후 캡을 닫는다. 순서를 반대로 하면 쉐이커 부분의 공기가 압축되어 Body가 튀어 분리되기 때문이다.

Step 3. 오른손 엄지로 캡을 잘 눌러주고 왼손 새끼 손가락으로 바닥부분을 받쳐준 후 나머지 양손을 이용하여 전체적으로 껴안듯이 잡고 앞뒤로 리듬을 타면서 약 12~14회 정도를 흔들어 준다. 단 계란이나 생크림 등 섞이기 어려운 재료를 사용 할 경우에는 좀 더 오랫동안 흔든다.

Step 4. 손목을 충분히 사용하여 직선보다는 유선형를 그리며 흔들어 준다. 이것은 얼음이 가능한 부셔지지 않게 하여 최대한 묽어지는 것을 피하기 위함이다.

Step 5. 쉐이킹이 끝나면 우측 손으로 스트레이너와 Body 부분을 동시에 잘 잡고를 좌측 손으로 Cap을 열어 재빠르게 우측 손으로 글라스에 붓는다.

1-2. Boston Shaker(2-Piece cocktail shaker) 사용요령

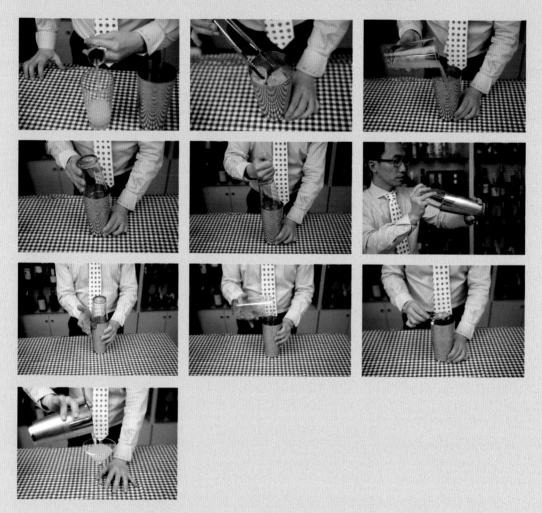

Step 1. 믹싱글라스에 얼음을 제외한 재료들을 넣은 후 믹싱틴의 2/3 정도 얼음을 채운다.

Step 2. 믹싱글라스를 믹싱틴에 조심해서 약간 기울게 결합한 후 주먹을 이용하여 망치질 하듯이 약 2회 정도 믹싱글라스의 바닥부분을 강하게 쳐주어 단단하게 결합되게 만든다.

Step 3. 믹싱글라스와 믹싱틴의 양쪽 끝 부분을 두손을 이용하여 잘 잡은 후 흔들어 준다.

Step 4. 믹싱글라스를 위쪽으로 하여 세운 후 손바닥 아랫부분의 단단한 부분을 이용하여 겹쳐져 있는 중앙부분을 가볍게 쳐서 분리 시킨 후 Hawthorne Strainer 나 Julep Strainer를 사용하여 걸러서 따라낸다.

Tip

1. Cobbler Shaker를 사용하는 경우 얼음을 넣는 보다 좋은 타이밍 및 요령

재료를 넣기 전에 얼음만 먼저 채운 후 가볍게 쉐이킹을 하거나 쉐이커 바디에 얼음만 넣은 후 바스푼으로 스터를 통해 쉐이커를 충분히 냉각시킨 후 얼음을 완전히 버린 후 재료를 넣고, 다시 얼음을 넣은 후 쉐이킹하는 방법이 있다. 이 경우 최대한 얼음이 희석되는 것을 방지할 수 있다.

또한, 쉐이킹을 할 때 쉐이커에 넣는 얼음의 양은 얼음의 상태, 종류에 따라 결정하는 것을 추천하며, 또한 재료들의 특성(택스쳐)에 따라서 얼음의 종류 및 양을 다르게 사용하는 것이 좋다. 기본적으로는 쉐이커 바디부분의 2/3 이상의 얼음을 충분히 채워서 얼음이 서로 부딪혀 깨지는 것을 최소화 하고 단시간에 내용물의 충분한 믹스, 냉각이 가능하게 금 하고, 추가로 쉐이커 내에서 얼음의 움직임으로 인하여 내용물과 산소와의 접촉이 늘어나 입에서 보다 부드러운 텍스쳐를 즐길 수 있게 된다.

2. Boston Shaker를 사용하는 경우 요령 및 주의할 사항

보스턴 쉐이커의 경우 내용물과 얼음이 이동할 수 있는 동선이 길기 때문에 그만큼 내용물의 혼합이 용이하고 공기와의 접촉 또한 극대화 시킬 수 있다.

다만, 쉐이킹을 너무 강하고 오래 할 경우 얼음이 상대적으로 많이 부서질 수 있으므로 주의해야 한다.

쉐이킹을 할 때에는 믹싱글라스가 본인을 향하게 하여 흔들어 주어야 한다.

보스턴 쉐이커의 경우 믹싱틴 안쪽으로 믹싱 글라스가 끼워지는 형태이므로 이는 흔드는 도중 혹시 결합이 잘못 되어 내용물이 세어 나오는 경우 고객에게 튀는 것을 방지하기 위함이다.

참고로, 보스턴 쉐이커 보다는 스테인레스 재질로만 결합하여 사용하는 투틴(Two Tin)의 사용을 추천한다. 이는 무엇보다도 보다 효과적인 냉각 및 냉기 보존력 때문이다.

● 올바른 방법

● 틀린 방법

2. 스티어링/휘젓기(Stirring)

믹싱글라스에 얼음과 재료를 넣고 바 스푼(Bar Spoon)으로 가볍게 휘저어서 만드는 방법이다.

순도가 높고 투명도가 좋으며 잘 섞이는 재료들은 쉐이크하여 만들면 자칫 색깔이 탁해지거나 깔끔한 맛이 없어질 수 있다.

Step 1. 믹싱글라스에 재료를 넣은 후 얼음을 재료보다 약간 높은 위치까지 채운다.

Step 2. 바 스푼의 볼록한 뒷면은 믹싱글라스 안쪽 벽면에 닿는 상태로 믹싱글라스의 얼음을 잡아서 끌듯이 돌린다. 정확히 스터하면 바 스푼 자체가 회전한다. 얼음도 전부 함께 돌리며 얼음과 얼음은 부딪치지는 않는다. 이때 왼손의 엄지와 검지는 믹싱글라스 하단을 잡는다.

Step 3. 회전시키는 횟수는 15~17회 정도이지만 양에 따라서 다르기 때문에 좌측 손의 엄지로서 적당한 온도를 판단한다.

Step 4. 스프링이 없고 구멍이 있는 오목한 형태의 Julep Strainer를 이용하여 오목한 부분이 아래로 향하게 믹싱글라스에 끼워서 따라낸다. 참고로, 스프링이 있는 일반적인 Hawthorn Strainer를 사용하여도 된다.

Tip

재료가 충분히 냉각되면 스푼을 얼음의 회전에 맞추어서 재빠르게 뺀다. 얼음의 회전을 갑자기 정지시키면 얼음위쪽까지 재료가 닿아져 상대적으로 보다 더 많이 희석된다.

3. 빌딩/직접넣기(Building)

쉐이커나 믹싱글라스 등의 기구를 사용
하지 않고 글라스에 직접 재료를 넣고 만
드는 방법을 말한다. 대표적인 것으로는
진 토닉, 블랙 러시안 등이 있으며 글라스
에 얼음과 주재료, 부재료의 순서대로 넣고
바 스푼으로 저어서 만든다.

Step 1. 글라스에 얼음을 충분히 채운 후 재료를 주재료, 부재료 순으로 차례대로 넣는다.

Step 2. 바 스푼을 이용하여 잘 섞어준다. 이때 탄산음료를 사용하는 칵테일의 경우에는 탄
산을 최대한 살려주기 위해서 가볍게 2~3회 정도만 섞어준다.

Tip

- 바 스푼을 이용하여 음료를 섞어주는 경우 직접넣기 방식의 칵테일은 바 스푼을 글라스의
가장 밑부분에서부터 위로 글라스의 벽면을 긁어 주듯이 위아래로 움직여 주어야 더욱 잘
섞인다.
- 참고로 바 스푼을 이용하여 시계방향으로 휘저어 주는 방식은 스티어링 기법이다.

4. 플로팅 또는 레이어링/띄우기(Floating 또는 Layering)

술이나 기타 재료들의 농도(밀도)차이를 이용하여 층을 쌓는 방법이다.

참고로, 레이어링 칵테일은 식후주로 완벽한 음료이다.

Step 1. 샷(shot)글라스나 코디얼(cordial) 글라스를 선택한다.

Step 2. 가장 무거운 재료를 먼저 글라스의 벽면에 흐르지 않게 따른다.

Step 3. 글라스 안쪽면에 바 스푼의 볼록한 뒷부분을 대고 재료 중 다음으로 무거운 농도(밀도)의 재료를 천천히 바 스푼 뒷면에 따른다.

Step 4. 가장 가벼운 농도(밀도)의 재료까지 같은 방법으로 차례대로 따른다.

Tip

- 글라스의 지름이 너무 좁아서 바 스푼을 이용하기 힘든 경우, 체리 꼭지가 길게 달려있는 마라스키노 체리(Maraschino Cherry/칵테일용 체리)를 바 스푼 대용으로 활용할 수 있다.
- 특히, 리큐어(liqueur)의 경우 같은 제품이어도 브랜드마다 알코올과 설탕의 함유량이 달라서 다른 농도(밀도)를 가지고 있으므로 각각의 농도(밀도)를 익히기 위해 다양한 브랜드(회사제품)로 연습할 필요가 있다.

5. 리밍 또는 프로스팅/묻히기(Rimming 또는 Frosting)

칵테일에 맛을 추가하기 위해 글라스 가
장자리를 레몬이나 라임 즙 등으로 적신
후 설탕이나 소금 등의 마른 재료를 묻히
는 방법으로서 일본에서는 스노우 스타일
(Snow Style)이라고도 한다.

Step 1. 시트러스의 과즙이 글라스 입구주위에서부터 아래쪽으로 흘러내려가는 것을 방지
하기 위해서 글라스를 뒤집어 잡은 상태에서 글라스의 스템(stem) 이나 하단부분을
잡고 시트러스 조각(마가리타에 라임, 사이드카에 레몬과 같이)의 과육부분을 이용
하여 글라스 림(Rim)주위에 돌려가면서 묻혀 준다.

Step 2. 글라스를 45도로 뉘어서 한손은 글라스 스템을 잡고 다른 한손은 글라스의 바닥을
잡고 글라스를 조심스럽게 돌려가며 가능한 글라스 바깥쪽에만 묻게 금 한다. 필요
시 냅킨으로 라인을 정리한다.

Tip

* 소금이나 설탕 등을 묻히기 위해 글라스 입구주위를 적실 때 가능한 해당 칵테일에 사용된
재료로 하는 것을 추천한다.(마가리타 칵테일에에 라임, 사이드카에 레몬과 같이)
* 레몬, 라임 외에 칵테일 재료 중 한 가지 액채에 살짝 담근다
  (예 : 마가리타에 트리플 섹, 사이드카에 꼬엥트로 이용)

만약 재료 중 liqueur를 사용하고 있다면 liquor 보다는 liqueur를 사용하는 것이 좋다. 이유는
liqueur 리큐어(혼성주)성분 중 당분으로 인하여 다른 액체류에 비해 점성이 좋아서 마른 재료
들이 보다 순조롭게 잘 달라붙기 때문이다.
만약 이러한 작업을 요구하는 많은 양의 음료가 미리 예상된다면 미리 작업해 두는 것도 요령
이다.

6. 블렌딩/갈기(Blending)

블렌드란 "혼합하다"란 뜻으로 여러 가지 재료를 전기 믹서기에 넣고 고속 회전시켜 만드는 방법을 말한다. 우리나라에서는 전기 믹서기라고 부르고 있지만 해외에서는 블렌더(Blender)라고 부르고 있다.

Step 1. 재료의 양이나 성질에 맞는 양의 크러시드 아이스와 재료를 넣은 후 갈아준다.

Step 2. 바 스푼을 이용하여 글라스에 내용물을 담아낸다.

Tip

- 블렌더에 재료들과 얼음을 함께 넣을 때 가능한 크러시드 아이스나 크랙트 아이스를 사용하는 것이 좋다. 럼프 아이스(락 아이스)의 경우 블렌더의 날을 상하게 하고 곱게 갈아지지 않을 수 있다.
- 특히 크러시드 아이스를 사용 할 경우 블렌더에 들어가는 총 재료의 양에 따라서 적당한 얼음의 양을 스쿠프(Scoop)로 잘 기억해 두는 것이 하나의 노하우(Know-How)이다.

7. 머들링/으깨기(Muddling)

Mojito, Old Fashioned, Mint Julep, Caipirinha 등과 같이 과일이나 허브를 머들러(Muddler)를 이용하여 으깨서 그 후레시한 맛과 향을 활용하는 방법이다.

블렌더를 사용하지 않으므로 적당히 후레시한 과육의 질감을 즐길 수 도 있으며,

특히 키위나 딸기처럼 씨를 터트리며 먹는 식감과 즐거움, 시트러스나 허브류의 향을 최대한 우러낼 수 있는 조주방법이다.

방법 1. 올드 패션드글라스나 기타 글라스에서 직접 머들링하여 완성하는 경우

Step 1. 글라스에 재료들(으깰 재료들)을 넣는다.

Step 2. 머들러나 스푼의 뒷면을 이용하여 글라스의 바닥과 옆면으로 재료를 으깬다.

Step 3. 얼음과 나머지 재료를 넣고 잘 저어준다.

방법 2. 보스턴쉐이커를 사용하는 방법(머들링 + 쉐이킹)

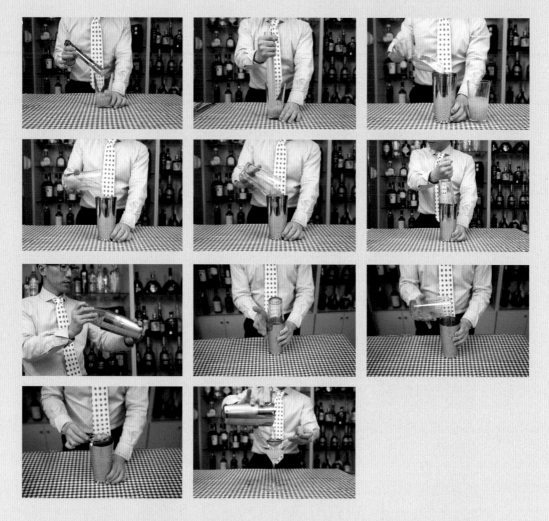

Step 1. 믹싱글라스에 재료들(으깰 재료들)을 넣는다.

Step 2. 머들러나 스푼의 뒷면을 이용하여 글라스의 바닥과 옆면으로 재료를 으깬다.

Step 3. 믹싱글라스에 얼음을 제외한 나머지 재료를 넣어준다.

Step 4. 믹싱틴에 얼음을 충분히 채운다.

Step 5. 믹싱글라스에 있는 내용물을 믹싱틴에 부어준 후 결합한다.

Step 6. 쉐이킹 한다.

Step 7. 믹싱글라스와 믹싱틴을 분리한다.

Step 8. Hawthorn Strainer(스프링이 있는 스트레이너)의 스프링 부분이 믹싱틴 안쪽으로 향하게 끼운 후 찌꺼기를 깨끗하게 걸러내기 위해 Fine Strainer를 받쳐서 따라낸다.

> **Tip**
>
> ● 과일을 으깨기 위해서는 머들러의 바닥부분이 평평한 스타일보다는 굴곡이 있는 것을 추천하며, 그 바닥부분의 지름은 좁은 것 보다는 어느정도 넓이가 있는 것이 효과적이다.
> ● 모히토와 같이 허브를 머들링 해야 하는 경우에는 머들러의 바닥부분이 빼족한 것보다는 평평한 것을 추천한다. 이는 허브가 잘게 찢어지는 것을 방지하기 위함이다.

8. 스트레이닝/거르기(Straining)

쉐이킹을 한 후 내용물을 걸러서 따라내기 위해서 Hawthorne Strainer 나 Julep Strainer를 사용하는 방법이다.

작은 입자의 찌꺼기나 작은 얼음조각까지 걸러내야 하는 경우 Fine Strainer를 함께 사용한다.

1. 3-Piece cocktail shaker(Cobbler Shaker/Classic Shaker)에 크러시드 아이스나 큐브 아이스를 사용하여 쉐이킹 후 따라낼 경우 쉐이커의 스트레이너 부분에 부서진 얼음이 막혀서 내용물이 잘 나오지 못하는 경우가 있으므로 이럴 경우 쉐이커의 바디부분에 Hawthorne Strainer나 Julep Strainer를 이용하여 따라낸다.

2. 2-Piece cocktail shaker(Boston Shaker)에는 스트레이너 부분이 없으므로 스트레이너를 따로 사용해야 한다.

9. 플레이밍/불붙이기(Flaming)

칵테일에 알코올을 이용하여 불을 붙여서 화려함을 극대화 시키는 방법이다.

Step 1. 시작하기 전에 글라스가 따뜻한지 확인한다.

Step 2. 가장 높은 알코올도수를 지닌 재료를 스푼에 약간 따른다.

Step 3. 스푼에 따른 알코올에 불을 붙인 후 조심스럽게 칵테일에 부어서 칵테일에 불이 옮겨 붙게 한다.

Step 4. 쇼잉 이후 고객에게 제공 후 안전상 불을 끈 후 마실 수 있게 한다.

- 불꽃이 튀는 효과를 연출하기 위해서는 오랜지나 레몬의 껍질을 불꽃위에서 조심스럽게 비틀거나 짜준다.
- 또한, flame 시 글라스 위에서 실시하며, 오랜지나 레몬 껍질의 오일성분이 불에 그을려서 캬라멜아이징(Caramelizing)의 풍미를 만들어 내고 쇼잉의 효과도 있다.

10. 토칭/그을리기(Torching)

토치를 이용하여 재료나 가니쉬(장식)를 그을려서 사용하는 방법이다.

주로 파인애플이나 오렌지, 자몽, 레몬 등의 과일을 칵테일에 장식할 때 겉부분을 그을려서 사용함으로서 과일이 지닌 수분의 증발을 막아주고, 시각, 후각적으로 보다 매력적인 칵테일이 완성된다.

이 외에도 허브류를 살짝 태우거나 술을 직접 뜨겁게 데우는 경우에도 사용할 수 있다.

칵테일 제조 시 유용한 TIPS

1. 글라스 칠링(Chilling)하는 방법

1. **글라스를** 냉장고나 냉동고에 넣어두는 방법
   글라스의 모든 부분이 시원하게 냉각되기는 하지만, 칵테일의 색이 불투명하게 보일 수
   도 있고, 글라스에 간혹 냄새가 베이는 경우가 있다.
2. **글라스에** 큐브아이스나 기타 적당한 형태의 얼음을 넣어두는 방법
   흔히 전문바에서 칵테일 조주 시 가장 많이 사용하는 방법
3. **글라스에** 크러시드 아이스 또는 크러시드아이스와 물(탄산수)을 채워두는 방법
   작은 크기의 글라스를 칠링 하는 좋은 방법이다.

2. 설탕시럽(Sugar Syrup) 만드는 방법

심플설탕이라고 하며 전문바에서 주로 직접 만들어 사용하는 심플시럽은 다음과 같이 만들어 사용할 수 있다.

1. **물과 흰설탕을** 1 : 1로 준비한 후 물을 데운다.
2. **적당히** 데워지면 설탕을 넣고 완전히 녹을 때까지 계속 저어준다. 이때 물이 끓어 버릴 정도로 뜨거우면 안 된다.
3. **실온에서** 식힌 후 깔때기를 사용하여 용기에 부어준다.
4. **냉장고에** 보관하면서 사용한다. 이를 슈거시럽이라 부르며, 다양한 음료 레시피에 사용되고 있다.

3. 사워믹스(Sour Mix) 만드는 방법

요즘은 사워믹스가 완제품으로도 나오며, 또는 가루형태로 나와서 물만 섞어서 바로 사용할 수 있는 제품도 많이 있다.

하지만, 직접 만드는 방법은 다음과 같다.

1. **계란 흰자** 하나를 적당한 크기의 그릇에 넣고 거품나게 저어준다.
2. **설탕 한** 컵을 넣고 계속 저어준다.
3. **물 두컵을** 추가해 넣는다.
4. **후레시** 레몬을 두컵정도를 짜서 넣어준 후 잘 저어준다.
5. **깔때기를** 이용해 용기에 부은 후 냉장고에 보관하면서 사용한다.
6. **4~5일**안에 사용하지 않았으면 버려야 하며, 사용할 때에는 흔들어 사용해야 한다.

칵테일 기구의
종류

PART 6
칵테일 기구의 종류

1. 쉐이커

쉐이커는 기본이 되는 재료들과 리큐어, 시럽, 크림, 계란 등의 잘 섞이지 않는 재료들을 얼음과 함께 혼합, 냉각을 효과적으로 하기 위한 기구이다. 이 기구를 사용하여 흔드는 기법을 쉐이킹이라고 한다.

일반적인 스탠다드 쉐이커인 코블러 쉐이커는 캡(Cap), 바디(Body), 스트레이너(Strainer)로 구성되어 있다.

쉐이커는 크게 다음의 3가지 타입이 있다.

① 3-Piece cocktail shaker(Cobbler Shaker/Classic Shaker)

② 2-Piece cocktail shaker(Boston Shaker)

③ 2-Piece cocktail shaker(French Shaker)

① Cobbler Shaker(3–Piece cocktail shaker)

가장 흔히 많이 사용되는 쉐이커로서 일반적으로 클래식 쉐이커라고 한다.

뚜껑(head 또는 cap), 여과기(Strainer), 몸통(Body)로 구성되어 있으며 뚜껑 부분은 경우에 따라 용량을 재는 지거(jigger)의 역할을 하기도 한다.

② Boston Shaker(2-Piece cocktail shaker)

금속재질의 믹싱틴과 유리나 플라스틱재질의 믹싱글라스로 구성되어 있다.

스티어링이나 머들링을 하기 위해서 믹싱글라스가 따로 사용되기도 하고, 쉐이킹을 하는 경우에는 결합해서 사용한다.

특히, 크러시드 아이스를 사용하여 쉐이킹을 하는 경우에는 Hawthorne Strainer 나 Julep Strainer를 사용하여 걸러서 따라내야 한다.

스트레이너가 없다면 쉐이킹 후 두 파트의 틈을 살짝만 벌려서 그 틈으로 내용물을 바로 따라내는 방법도 있다.

③ French Shaker(2-Piece cocktail shaker)

금속재질의 바디부분과 캡부분으로 이루어진 쉐이커로서 이런 형태의 쉐이커를 사용할 경우에는 Hawthorne Strainer 나 Julep Strainer 와 같이 개별적으로 따로 사용가능한 스트레이너를 사용하여야 한다.

2. 계량 컵(Measuring Cup/Jigger)

칵테일 제조 시 매우 중요한 도구로서 일명 지거(jigger)라고 부른다.

정확한 용량을 항상 사용함으로서 정확한 맛과 향과 색을 만들기 위해 매우 중요한 도구이다.

두 부분으로 구성되어 있으며 다양한 모양과 사이즈의 지거가 있으나, 표준 지거는 30ml(1온스) 부분과 45ml(1.5온스) 부분으로 구성되어 있다. 30ml 부분은 포니(pony), 45ml 부분은 지거(jigger)라고 부른다.

3. 계량 스푼(Measuring Spoon)

조리를 할 때에 가루나 조미료, 액체 따위의 용량을 재는 기구로서 칵테일 제조시 지거를 이용하기 힘든 용량을 정확하게 사용하거나 가루형태를 지닌 재료의 용량을 정확히 사용할 때 사용한다.

4. 바 스푼(Bar Spoon)/바 믹싱 스푼(Bar Mixing Spoon)

믹싱 스푼(Mixing Spoon) 또는 롱 스푼(Long Spoon)이라고도 하며 글라스에 넣은 내용물을 휘젓는 스푼을 말한다.

보통 스푼보다 자루가 길고 한쪽 끝부분은 작은 스푼으로 다른 한쪽은 포크형태로 되어 있고 손으로 잡는 부분은 물에 젖었을 때 미끄러지지 않게 나선형으로 되어있다.

주로 믹싱글라스의 재료를 섞거나 소량을 잴 때 사용하며 스테인리스로 된 것이 좋다.

또한, 바 스푼의 뒷면을 이용하여 푸스카페와 같은 레이어링을 할 때에도 사용하며, 5ml를 계량할 때에도 사용한다.

5. 스트레이너(Strainer)

쉐이커나 믹싱글라스에 혼합한 음료를 글라스에 따라낼 때 얼음이나 기타 덩어리등이 들어가지 않게 걸러주는 기구이다.

스트레이너에는 스프링이 달려있는 Hawthorn Strainer와 그렇지 않은 Julep Strainer가 있다.

1) Hawthorn Strainer

보스턴 쉐이커로 쉐이킹을 한 음료를 따라낼 때 믹싱틴에 스프링 부분이 안쪽으로 들어가게 끼워서 사용한다. 믹싱틴에 안전하고 견고하게 맞는 형태이다

2) Julep Strainer

스프링이 없고 구멍이 있는 오목한 형태의 스트레이너이다.

믹싱그라스에 오목한 부분이 아래로 향하게 끼워서 사용하는 것으로서 스티어링 기법으로 만든 칵테일을 따라낼 때 사용한다.

6. 파인 스트레이너(Fine Strainer)

혼합한 음료를 글라스에 따라낼 때 매우 정교하게 맑은 액체류만 따라낼 때 일반적인 스트레이너 외에 추가로 사용하게 된다. 과일이나 야채, 허브류 등의 재료를 머들링(Muddling)하여 으깨서 만드는 칵테일에 주로 사용하게 된다. 쉐이킹 과정에서 생겨나는 얼음 가루까지도 걸러낼 수 있다.

7. 믹싱글라스(Mixng Glass)

일명 바 글라스(Bar Glass)라고도 하며 순도가 높고 투명도가 좋으며 잘 섞이는 재료들을 섞을 때 사용한다. 또한 보스턴 쉐이커의 믹싱틴과 결합하여 쉐이킹을 할 때에도 사용한다.

코블러 쉐이커의 바디부분을 사용하기도 한다.

8. 머들러(Muddler)

● 으깨는 용도

머들러에는 재료를 으깨는 용도와 음료를 저어주면서 마시는 용도가 있다.

과일이나 허브의 맛을 뽑아내기 위해 사용하는 기구로서 재료를 으깨는 막대이다.

믹싱글라스에 편리하게 사용하기 위해 8-10인치(20-25cm) 정도의 길이가 좋다.

9. 바 나이프(Bar Knife)

바에서 칵테일 재료중 주로 과일류를 자르거나 깎을 때 사용하는 나이프이다.

과일의 크기나 사용하고자 하는 용도에 따라 크기나 날의 두께를 달리 선택할 수 있다.

● Pairing Knife

● Chef's Knife   ● Carving Knife

- Chef's Knife : 파인애플, 수박, 멜론 등 비교적 큰 과일을 자를 때 사용하는 나이프
- Pairing Knife : 레몬, 라임, 오렌지, 망고 등을 손질할 때 주로 사용하며 흔히 과도라고 한다.
- Carving Knife : 조각도라고 하며 과일, 야채를 정교하게 조각할 때 사용하는 나이프

> **Tip**
>
> Ice Carving Knife(아이스 카빙용 나이프)
>
> 블록 아이스를 가지고 주로 아이스볼(둥근 얼음) 등을 직접 깎아서 만들 때 사용하는 나이프로서 아이스 카빙용 나이프는 견고한 페어링 나이프를 아이스 카빙용으로 칼날을 관리하여 사용한다.

10. 제스터(Zester)

주로 오렌지, 레몬, 라임, 자몽 등 과 같은 과일류의 껍질을 얇고 길게 뽑아내기에 유용하며, 날의 크기나 모양에 따라 두께가 얇은 실처럼 뽑 아 낼 수도 있고 굵은 모양을 만들 어 낼 수 있다.

11. 필러(Peeler)

주로 오이, 오렌지, 레몬, 라임, 자몽 등의 재료들 의 껍질을 얇고 넓게 벗겨낼 때 주로 사용한다. 물 론, 일반적으로 과도를 사용하기도 한다.

12. 강판(Grater)

칵테일 가니쉬를 할 때 넛트류나 커피콩, 초콜릿, 단단한 치즈 등을 직접 갈아서 뿌리는 장식인 더 스트(Dust)에 유용하다.

13. 아이스 패일(Ice Pail) & 집게(Tongs)/Ice용/Garnish용

얼음을 담는 통과 얼음을 집기 쉽게 끝이 톱니 모양 으로 된 집게이다.
바에서 사용하는 집게에는 아이스 텅 외에도 이보 다 작은 사이즈의 가니쉬를 집을 때 사용하는 집게도 있다.

14. 아이스 스쿠프(Ice Scoop)

얼음을 푸는 도구로 아이스 셔블(Shevel)이라고도 불린다.

다양한 재질과 크기가 있으며, 다양한 상황에 맞게끔 한 두가지 정도의 크기별로 있으면 편리하다.

15. 아이스 픽(Ice Pick)

얼음을 깰 때 사용하는 기구로서 끝이 뾰족한 형태를 지니고 있다.

위스키 온더 락에 사용하는 덩어리 얼음과 같이 블록 아이스를 깎아서 럼프 아이스나 아이스 볼 등을 만들 때 매우 유용한 기구이다.

16. 칵테일 픽(Cocktail Pick)

칵테일의 장식에 사용하는 과일이나, 야채 등을 꽂아서 글라스에 고정할 때 사용하는 핀이다. 칵테일이나 장식의 특징에 따라 다양한 색깔과 재질의 칵테일 픽을 사용할 수 있다.

주로 플라스틱, 우드, 메탈재질의 칵테일 픽을 많이 사용한다.

17. 푸어러(Pourer)/푸어러캡(Pourer Cap)

병 입구에 끼워서 사용하는 병 마개이다.

술이나 기타 재료가 일정하게 나오게끔 하여 양

을 조절하기 용이하게 금 도와주는 기구로서 푸어러 입구의 홀(Hole) 크기는 다양하다. 또한 사용하지 않을 때에는 푸어러 캡을 이용하여 덮어서 보관하게 된다.

18. 테이블 스퀴저(Table Squeezer)/핸드 헬드 스퀴저(Hand-Held Squeezer)

주로 오렌지, 라임, 레몬, 자몽 등의 과일의 후레시 쥬스를 짤 때 사용하는 도구이다.

바닥에 놓고 과일을 반으로 잘라서 올려놓고 비틀어서 짜는 일명 테이블 스퀴저와 양손을 이용하여 압축하여 사용하는 핸드 스퀴저가 있다.

19. 토치(Torch)

칵테일 조주 시 주로 시나몬, 로즈마리를 살짝 태워서 칵테일에 향을 부여하거나, 시트러스류의 껍질의 에센스를 활용하여 Flaming 하거나, 술을 데우거나, 술에 불을 붙이는 경우 등에 사용한다.

20. 커터(Cutter)

주로 제과분야에서 사용되는 도구이지만, 레몬이나 오렌지 등의 껍질을 이용하여 다양한 모양의 가니쉬를 만들어 사용할 수 있다.

21. 글라스 리머(Rimmer)

라임주스나 소금, 설탕 등을 담아 놓고 글라스에
리밍을 할 때 사용하는 도구이다.

22. 블렌더(Blender)

전동 믹서기로서 강·중·약의 회전속도 조절장치가
부착되어 있으며 과일, 크림, 계란 등이 들어가는 쉐이크
종류를 믹서시킬 때 쓰이며 회전 날부분을 항상 청결하
게 관리하여야 한다.

23. 아이스 크러셔(Ice Crusher)

얼음을 분쇄하는 기계로서 큐브드 아이스(Cubed
Ice)나 크랙트 아이스(Cracked Ice) 를 사용하여 크러시
드 아이스(Crushed Ice)-부순얼음을 편리하게 만들어
낼 수 있다.

칵테일의 글라스

PART 7
칵테일의 글라스

　칵테일이란 맛, 색깔, 장식 등 모든 것이 조화를 이루어야 하는 하나의 예술 작품이다. 그래서 이러한 작품을 담는 글라스의 선택은 작품이 갖는 내용이나 이미지에 영향을 미치기 때문에 세심한 배려가 필요하며 아주 중요한 일이기도 하다. 그리고 글라스의 모양에 따라 작품 이름이 바뀌는 칵테일도 있다. 그러므로 각각

Whisky
glass

Cordial
glass

Old Fashioned
glass

Cocktail
glass

Champagne
glass

의 글라스의 특징이나 용량 등을 잘 알고 있어야 한다.

칵테일에 사용되는 Glass에는 크게 나누어 밑이 평평한 것과 Stem이 있는 Glass가 있다. 칵테일의 경우 과거부터 정통클래식 칵테일의 스타일과 이미지에 어울리는 글라스를 사용해 왔으나 현재에는 다양한 형태의 글라스가 판매되고 있으며 이에 따라 형식에 얽매이지 않고 바텐더 또는 칵테일을 마시는 이들의 성향, 스타일, 감성에 따라서 글라스를 선택하는 경향이 눈에 두드러진다.

물론 일반적으로는 알코올 도수가 높은 술이나 진한 풍미의 술은 작은 글라스를, 가벼운 술이나 롱드링크는 용량이 큰 글라스를 사용한다.

어떠한 글라스를 사용하던지 글라스에 음료를 가득 채우지 않고 마시기 쉽도록 윗부분을 조금 남겨두는 것이 좋다.

Collins
glass

Brandy
glass

Coupette
glass

Hurricane
glass

Pilsner
glass

위스키(Whisky)글라스/샷(Shot)글라스/스트레이트(Straight)글라스/위스키 테이스팅 글라스(Whisky Tasting Glass)/대표용량 30ml & 60ml (샷 글라스 기준)

주로 위스키를 스트레이트로 마시기 위한 글라스로서 용량이 30ml(싱글)와 60ml(더블) 두 가지가 있다. 또한 스트레이트로 위스키의 풍미를 보다 집중해서 즐길 수 있는 위스키 테이스팅 글라스가 있다.

셰리(Sherry) 글라스/대표용량 2온스(60ml)

셰리와인을 서비스하거나 칵테일 중에서 B-52나 푸즈카페 등의 띄우기 기법의 칵테일에 주로 활용하는 글라스이다. 하지만 최근에는 셰리와인의 풍미를 보다 더 집중하여 즐길 수 있게 금 위스키 테이스팅 글라스로 대체해서 많이 사용하고 있다.

코디얼(Cordial) 글라스/리큐어(Liqueur) 글라스/대표용량 2온스(60ml)

작고 손잡이(Stem)가 있는 글라스로서 리큐어를 스트레이트로 마시거나 띄우기 기법으로 만드는 칵테일에 활용하는 글라스이다.

칵테일(Cocktail) 글라스/마티니(Martini) 글라스/대표용량 3온스(90ml)

글기본적으로 역삼각형 모양의 Bowl 부분을 가진 글라스이다. 용량은 90ml가 표준이지만 60ml, 75ml의 칵테일 글라스도 있다. 흔히 칵테일글라스와 마티니글라스라는 이름을 혼용해서 사용하기도 한다.

샴페인(Champagne) 글라스(플루트형 Flute/소서형 Saucer)/대표용량 6온스(180ml)

스파클링 와인을 위한 글라스로서 윗부분이 넓은 소서형 샴페인 글라스와 입구가 좁고 글라스의 길이가 긴 플루트형 샴페인 글라스가 있다.

소서형은 과거에 연회 건배용으로 사용되는 경우가 많았으며 샴페인의 버블의 지속시간이 짧아지는 단점을 지니고 있다. 오히려 계란을 사용하여 부드러운 폼(form)이 특징인 칵테일이나 프로즌 스타일의 칵테일 등에 편리한 글라스이기도 하다.

플루트형 샴페인 글라스의 경우 샴페인의 버블의 지속시간이 길고, 버블의 시각적인 효과에도 효과적이기도 하다. 용량은 두가지 스타일 모두 180ml가 표준이다.

필스너(Pilsner) 글라스/대표용량 11온스(330ml)

흔히 맥주를 서비스 할 때 사용되는 길고 얇은 형태의 글라스로서 아래 부분에서 윗 부분으로 갈수록 조금씩 벌어진 형태이다. 롱 드링크에 주로 활용되는 글라스로서 보통 맥주 한병을 담기 위한 330ml 용량이 주로 사용되나 그 외 다양한 크기가 있다.

콜린스(Collins) 글라스/침니(Chimney) 글라스/톨(Tall) 글라스/대표용량 14온스(420ml)

콜린스 글라스는 하이볼 글라스와 비슷한 모양이지만 글라스 하단에서 윗 부분으로 가면서 살짝 넓어지는 형태를 지니고 있다. 모히토(Mojito)를 비롯한 다양한 음료제공 시 활용되며 용량은 12-14온스(360-420ml) 정도가 표준이다.

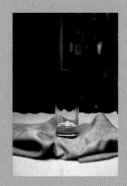

하이볼(Highball) 글라스/텀블러(Tumbler) 글라스/
대표용량 6-12온스(180-360ml)

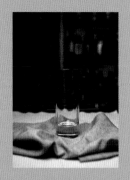

글라스의 지름이 일정하게 뻗은 글라스로서 주로 롱 드
링크에 사용되며 미주에서는 흔히 텀블러 그라스라고도
한다.

마가리타(Margarita) 글라스/쿠페(Coupette) 글라스/대표용량 12oz(360ml)

데킬라 베이스의 대표 칵테일인(프로즌)마가리타 등을
만들 때 사용하는 글라스로서 넓은 림(Rm)을 지닌 글라
스이다.

고블렛(Goblet)/대표용량 10온스(300ml)

흔히 전문 레스토랑에서 물을 서비스할 때 사용하는 워
터 전용잔으로서, 전문 BAR에서는 하이볼(텀블러)그라스
나 콜린스 글라스에 물을 서비스하는 경우가 많다.

위스키 사워(Whisky Sour) 글라스/대표용량 5온스(150ml)

사워 스타일의 칵테일을 마시는 글라스로서 보통 3-5온
스(90-150ml)정도가 일반적이다.

우리나라에서는 Stem이 있는 Glass가 거의 대부분이지
만 외국에서는 평형의 Glass가 주로 사용되고 있다. 샴페인
글라스 중 플루트형 Flute 의 모양과 흡사하며 이보다 사이
즈가 조금 작다.

브랜디(Brandy) 글라스/스니프터(Snifter) 글라스/꼬냑(Cognac) 글라스/대표용량 6-17.5온스(180-525ml)

꼬냑이나 브랜디를 스트레이트로 마실 때 사용되며, 손바닥의 체온으로 글라스 온도를 올려가면서 브랜디의 향을 더욱 발산시키며 마신다. 이러한 향을 오랫동안 글라스 안에 머물게 하기 위해 배 부분은 볼록하고 입구부분은 좁은 게 특징이다.

브랜디는 30ml를 따르는 게 표준 서비스 제공량이다.

올드 패션드(Old Fashioned) 글라스/온 더 락 (On the Rock) 글라스/대표용량 8-10온스(240-300ml)

주로 위스키나 칵테일을 얼음과 함께 마실 때 사용되는 글라스이며 최근에는 글라스의 옆면에 굴곡이 있는 등의 다양한 형태가 있다.

와인(Wine) 글라스

림(Rim), 볼(Bowl), 스템(Stem), 베이스(Base)로 구성되어 있으며, 와인의 색, 향, 맛을 즐기기 위해 무지, 무색, 투명하고 무엇보다 향의 손실을 막기 위해서 볼(Bowl)의 윗부분은 살짝 좁아지는 특징을 지니고 있다. 최근에는 스템이 없는 와인글라스도 활용이 되고 있다.

허리케인(Hurricane) 글라스

길고 우아한 라인을 지니고 있는 글라스로서 주로 롱드링크 중 트로피컬 칵테일에 주로 활용된다.

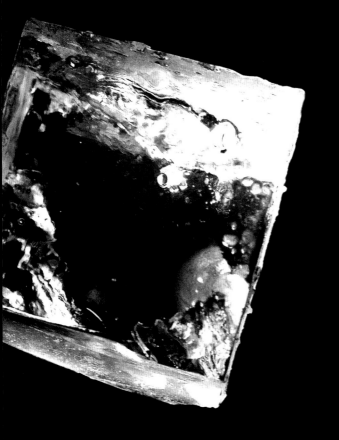

칵테일의 얼음

PART 8
칵테일의 얼음

칵테일을 만들 때 얼음제조 및 사용에 있어 매우 주의깊게 다루어야 함은 매우 중요한 요소이다.

얼음은 칵테일을 시원하게 만들어 줄 뿐 아니라 칵테일의 풍미(맛과 향)에 매우 큰 영향을 주기 때문이다.

칵테일 제조에 있어서 얼음은 최대한 차갑고 녹아서 희석되지 않을 수 있는 건조하고 단단하게 잘 냉각된 얼음을 사용하는 것이 좋다. 젖은 얼음은 빠르게 녹기 때문이다.

예를 들어서 드라이 마티니는 대략 20%정도의 얼음에서 생겨난 물을 함유해야 한다.

단단하지 못한 얼음을 사용할 경우 너무 묽은 마티니가 될 수 있다.

또한 특별한 예외적인 상황이 아니라면 칵테일을 만들 때 사용한 얼음은 음료와 함께 제공하지 않아야 한다.

다양한 얼음의 종류와 특징 및 활용도를 살펴보도록 한다.

1 얼음의 종류

얼음의 종류는 매우 다양하다. 가정에서 사용하는 일반 얼음에서부터 전문적인 음료제조를 위해 사용하게 되는 얼음에 이르기까지 그 크기와 모양은 물론 얼음의 강도와 투명도도 다양하므로 각 얼음의 특징과 활용도를 파악함은 음료제조에 있어서 반드시 선행되어야 하는 포인트이다.

얼음의 종류에는 19세기에 음료 레시피에 사용되었던 것으로 알려져 있는 4가지 타입의 아이스(Block, Lump 또는 Cubed, Craked, Shaved)외에 Crushed Ice까지 다양한 특징의 얼음을 사용하고 있다.

19세기부터 20세기 초반에는 블록 아이스가 일반적이었다. 아이스 픽이 탄생하면서 블록아이스를 이용하여 럼프 아이스를 만들게 되었고, 아이스 해머가 나오면서 럼프 아이스를 이용하여 크랙트 아이스를 만들게 되었다. 이후 전문적인 얼음생산이 가능한 냉각기가 발명이 되면서 칵테일에 매우 큰 성장을 가져오게 되었다. 또한 1933년 미국의 금주령 해제 또한 칵테일의 성장에 긍정적인 영향을 미치게 되었다.

1-1. 블록 오브 아이스(Block of Ice)-통얼음

19세기~20세기 초에 기본이었으며, 아이스 픽을 이용하여 블록 아이스로부터 여러 가지의 형태를 만들어 내었다. 아이스 해머를 가지고 블록아이스을 럼프 아이스로 만들어 활용 할 수 있다.

1-2. 럼프 오브 아이스(Lump of Ice)-덩이얼음

흔히 블록 아이스를 주먹 크기가 되게끔 얼음 송곳으로 깎은 얼음으로 록(Rock) 아이스라고도 한다.

럼프 아이스는 음료를 시원하게 하면서 천천히 녹아서 지나친 희석을 가져오지 않기 때문에 특히, 온더락에 스피릿을 제공할 때 가장 좋다. 오른쪽 사진은 럼프 아이스의 일종인 동그랗게 깎아 만든 아이스볼이다.

1-3. 크랙트 아이스(Cracked Ice)-조각얼음

　매우 다양한 용도로 사용할 수 있는 크랙트 아이스는 일반적인 큐브드 아이스정도 크기의 거칠게 잘린 얼음이다.

　쉐이킹, 스티어링은 물론 프로즌 스타일의 음료를 위해 블렌더에 사용하기도 한다. 반면에 럼프아이스는 블렌더에 사용할 경우 블렌더의 날을 상하게 할 수 있으며, 크러시 아이스와 스노우 아이스를 블렌더에 사용할 경우 음료가 너무 묽어질 수 있기 때문에 사용양을 잘 맞춰서 사용하여야 한다.

1-4. 큐브드 아이스(Cubed Ice)-주사위얼음

　주위에서 가장 흔히 볼 수 있는 얼음으로서 shaking과 stirring을 준비하는데 추천한다.

　또한 on the rock, 또는 highball 에 스피릿을 제공할 경우 크랙트 아이스와 함께 선택할 수 있는 최고의 얼음이다. 이때 가능한 큰 사이즈를 사용하는 것이 좋다. 그 이유는 보다 천천히 녹고 많이 희석되지 않아서 최대한 차가운 상태를 오래 유지시켜 주기 때문이다.

1-5. 크러시드 아이스(Crushed Ice)-부순 얼음

　작게 깬 알갱이 모양의 얼음으로서 mojito 또는 juleps에 활용하는 거칠게 부순 얼음에서부터 mist나 frappe에 활용하는 고운 눈같이 부순얼음에 이르기까지 다양한 형태가 있다.

　여름에 갈증해소용 또는 트로피컬 칵테일에 많이 사용되며, 아이스 크러셔라는 기계를 사용하여 만들어 낼 수도 있고, 크랙트 아이스(Cracked Ice)를 냅킨으로 싸서 나무망치나 밀방망이 같은 거로 가볍게 두들겨서 원하는 질감의 크러시드 아이스를 만들 수도 있다. 이때 사용하는 백이나 냅킨은 얼음이 부서지면서 생기는 수분을 흡수할 수 있는 것이어야 한다.

크러시드 아이스나 세이브드 아이스의 경우 얼음의 크기가 매우 작다.

얼음의 크기가 작아지면 작아질수록 음료와 접촉하게 되는 표면적이 넓어지기 때문에 더욱 빨리 차가워진다는 장점이 있긴 하지만 얼음이 가지는 냉각의 한계점에 다다른다면 결국 음료 외의 바깥온도로 인한 온도변화 때문에 얼음이 녹게 되는 희석속도도 가속화되고 다시 미지근해지는 상황이 더 빨리 발생할 수도 있다.

1-6. 세이브드 아이스(Shaved Ice)-간 얼음

크러시드 아이스보다 더욱더 입자가 작다. 빙수용으로 쓰이는 얼음과 같이 눈처럼 곱게 빻은 것으로서 mist나 frappe에 활용하는 고운 눈 같은 얼음이다.

아이스 그라인더(Ice Grinder)를 사용하거나 크랙트 아이스나 크러시드 아이스를 냅킨으로 싸서 곱게 부셔서 사용할 수 있다.

글라스를 단시간에 차갑게 칠링(Chilling)할 때 크러시드 아이스와 함께 매우 효과적이다.

Tip

집에서 음료 제조에 좋은 얼음을 만드는 방법

- 가게에서 판매하는 바틀워터를 끓여서 아이스 몰드에 부운 후 냉동고에 넣어둔다. 이럴 경우 물이 천천히 얼어가면서 매우 깨끗하고 단단한 얼음이 완성된다. 이후 얼음을 냉장실에서 한번 녹인 후 다시 얼리게 되면 기포가 적고 표면에 수분이 많지 않은 건조하면서도 매우 단단한 얼음을 만들 수 있다.
- 새로운 모양의 얼음(속에 구멍이 있는 박스모양, 납작한 원판모양, 마름모 등)들은 흔들었을 때 쉽게 부스러져서 빨리 녹아서 음료가 희석되게 하고 빨리 온도가 올라가게 된다.

칵테일의 장식

PART 9
칵테일의 장식

칵테일이 지닌 색, 향, 맛 등의 매력 가운데 그 시작은 외관(Apearance)이다.

칵테일이 보여주는 글라스의 모양이나 그 안에 담겨진 음료의 색과 동시에 사람의 눈에 들어오는 것이 바로 장식(가니쉬)이다.

장식은 단순히 칵테일에 추가해 주는 하나의 재료가 아니다.

사람에게 있어서 패션의 완성은 액세서리라고 하듯이 한 잔의 칵테일은 장식(가니쉬)이 더해짐으로서 비로소 완성이 되어 손님에게 제공되게 된다.

과거에는 주로 파인애플이나 오렌지와 같은 재료를 사용하여 칵테일에 비교적 큰 사이즈로 화려하게 장식하는 경우가 많았다. 요즘도 주로 트로피컬 칵테일의 경우나 그러한 느낌의 장식이 필요한 상황에서 종종 사용되고 있다.

하지만, 요즘의 칵테일의 세계는 매우 다양화 되어 가고 있는 실정이다.

그만큼 칵테일에 활용하는 재료들에 있어서 매우 다양한 재료들을 가지고 실험적인 칵테일도 많이 만들어지고 있으며, 장식이나 칵테일 재료로서 활용하게 되는 재료 또한 파인애플, 멜론, 수박, 오렌지, 자몽, 레몬, 라임 등과 같이 비교적 구하기 쉬운 재료에서 부터 민트, 로즈마리, 다임 등과 같은 허브류와 각종 야채, 초콜릿과 쿠키 등 너무나 다양해지고 있다.

장식에 있어서 법칙이나 정답은 없다.

칵테일의 장식이라 함은 화려함과 심플함이라는 상반된 이미지 안에서 완성되게 된다.

이때 중요한 것은 바로 어울림을 동반한 강조이다.

칵테일의 재료, 색, 향, 맛, 글라스, 이름, 장소, 상황 등과의 어울림을 놓치지 않으면서도 한편으로는 포인트가 될 수 있게 금하는 것이다.

바텐더의 역량에 따라 다양한 재료를 가지고 다양한 모양으로 장식하기도 하지만, 대표적으로 드라이 마티니 칵테일에 그린 올리브, 맨해튼에 붉은 체리처럼 반드시 사용해 줘야 하는 칵테일들도 많이 있다.

참고로 특별한 경우를 제외하고는 가니쉬는 기본적으로 먹을 수 있는 것을 사용하는 것을 우선으로 한다.

다음은 다양한 장식(가니쉬)의 재료들과 그 활용법에 대하여 알아보도록 한다.

올리브(Olives)

드라이 마티니 칵테일에 반드시 사용해야 하는 가니쉬로서 주로 칵테일 픽으로 꽂아서 글라스 입구에 한번 돌려서 묻혀준 후 칵테일에 넣거나 글라스 위에 얹어준다.

흔히 바에서 많이 사용하고 있는 그린 올리브 외에도 블랙올리브와 올리브 안에 있는 씨를 빼내고 그 안에 아몬드, 시트러스(레몬), 피망, 치즈 등을 넣어서 만든 스터프드 올리브(Stuffed Olives)등이 있다.

체리(Cherries)

맨해튼 칵테일 등에 사용하는 가니쉬로서 칵테일용 체리(병에 든 제품)와 흔히 과일로서 먹는 후레시한 체리를 사용한다. 체리에 칼집을 내서 글라스 입구부분에 꼽거나 칵테일 픽에 꽂아서 장식하는 경우가 많다.

시트러스(오렌지, 레몬, 라임 등) 슬라이스(Slice)

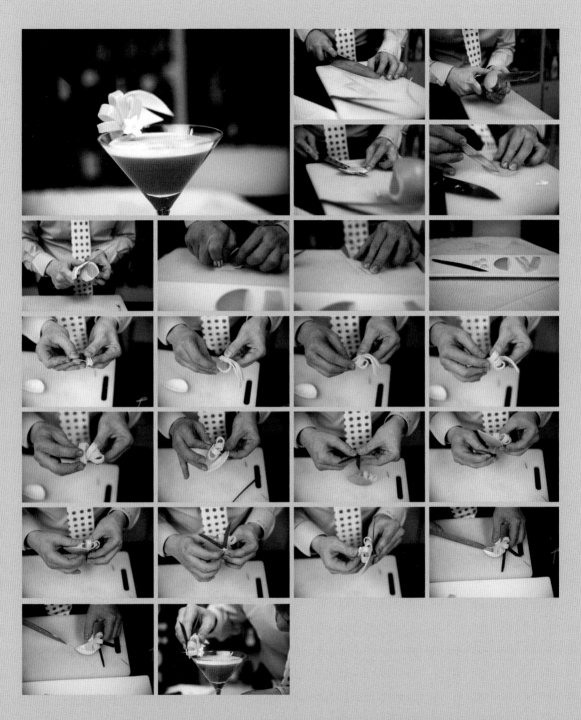

　얇은 원형으로 썰어서 칵테일에 띄우거나, 반달 모양으로 약간 두껍게 썰어서
글라스에 끼워서 장식한다.

시트러스(오렌지, 레몬, 라임 등) 웨지
(Wedge)

한쪽으로 갈수록 뾰족한 모양으로 자른 모양으로서 흔히, 오렌지는 12등분으로 사용한다.

파인애플 슬라이스(Slice)/웨지(Wedge)

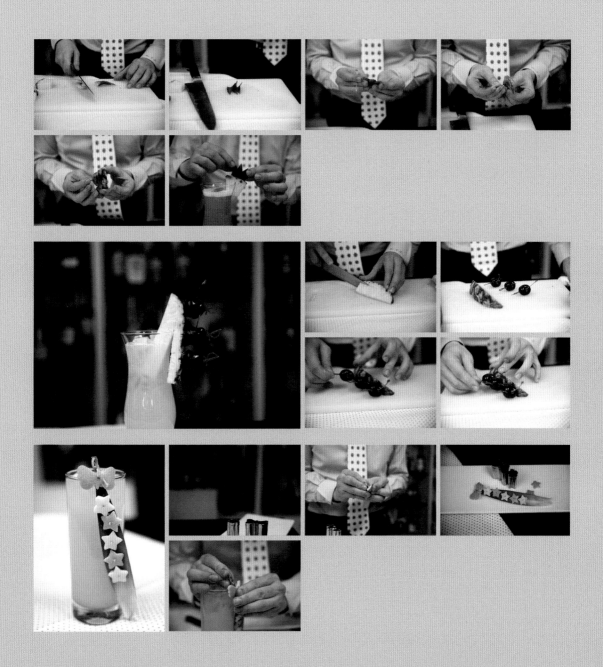

　트로피컬 성격을 가진 칵테일 등에 주로 사용한다. 껍질을 함께 사용하거나 과
육만을 장식하기도 한다. 이때 파인애플의 중앙부위(단단한 부분)은 잘라내고 글
라스에 끼운다.

　손질하는 방식은 파인애플을 길게 잘라서 적당한 두께로 잘라서 사용하거나
적당한 두께로 원형모양으로 잘라서 피자를 자르듯이 자르기도 한다.

오렌지 & 레몬 필 트위스트(Peel Twist)

　주로 시트러스류의 껍질을 일정한 넓이로 벗겨낸 후 양손의 엄지와 검지를 사용하여 벗겨낸 양쪽 끝을 잡고 비틀어서 사용한다. 시트러스 껍질에서 나오는 오일성분이 퍼지면서 그 향이 더욱 발산되게 된다. 길게 만들 경우 바스틱(stick)이나 바 스푼을 이용하여 감았다가 사용할 수도 있다.

오렌지 & 레몬 & 라임 휠(Wheel)

  오렌지, 레몬, 라임 전용 필러(peeler)나 제스터(zester)를 사용하여 트위스트보
다 더욱 얇고 길게 잘라서 글라스안에 말아서 넣거나 일부는 글라스 밖으로 걸
쳐 내려준다.

사과 슬라이스(Apple Slices)

대표적으로는 애플마티니를 장식할 때 사용하며, 사과를 얇은 원형으로 썰어서 칵테일에 띄우거나, 반달 모양으로 얇게 여러개를 겹쳐서 칵테일 픽으로 고정하여 장식하기도 한다. 사과 외의 다양한 과일을 활용할 수 있다. 사과의 풍미가 있는 베이스나 부재료를 사용하는 칵테일의 경우 주로 활용한다.

용과(Dragon Fruit)

　선인장 열매의 한 가지로서 하얀 속살에 작은 씨가 가득 차 있는 과일로서 주로 웨지모양으로 손질을 하여 장식에 활용한다.

포도(Grapes)

포도를 베이스로 만든 보드카 시락 (Ciroc)이나 포도를 머들링(Muddling) 하여 만드는 칵테일에 주로 사용한다. 포도 5~6알의 줄기를 끊어서 글라스에 걸쳐주거나, 포도알을 슬라이스하여 칵테일위에 올려주거나, 포도알맹이를 칵테일에 넣는 등 다양하게 연출할 수 있다.

딸기(Strawberry)

딸기에 칼집을 내어서 글라스에 꽂아 주거나, 슬라이스를 하여 칵테일 위에 올려주거나, 칵테일 픽에 여러개를 꽂아서 사용할 수 있다.

오이(Cucumber)

오이의 풍미를 지닌 핸드릭스 진을 베이스로 하거나 오이를 머들링(Muddling)하여 만드는 칵테일에 주로 사용한다. 필러(Peeler)를 이용하여 오이의 안쪽 부분을 넓고 길게 잘라내어 사용하거나 모양을 내서 글라스에 끼워줄 수 있다.

참고로 오이는 굵기가 고르며 녹색이 짙고 가시가 있으며 탄력과 광택이 있는 것이 싱싱한 오이이다. 오이의 꼭지 부분은 쓴맛을 지니고 있으므로 사용하지 않는 것이 좋다.

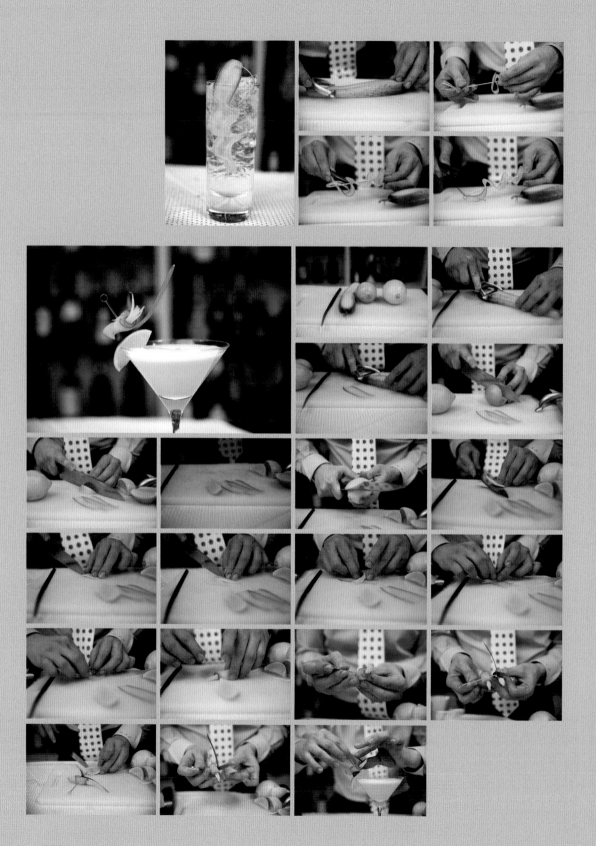

슈거 크래프트(Sugar Craft)-설탕공예

설탕을 녹여서 실리콘페이퍼(Silicone Paper)에 부어서 일정한 모양으로 굳힌 후 칵테일 글라스위에 얹어서 장식하거나 다른 재료를 글라스에 고정하기 위해 사용하기도 한다.

초콜릿(Chocolate)

초코티니(Chocotini) 등의 칵테일을 만들 때 글라스 안쪽에 초코시럽을 묻혀주거나, 칵테일 위에 조각이나 스틱모양을 올려주거나, 강판(Grater)을 이용하여 칵테일위에 직접 갈아서 뿌려주거나, 크림 드 카카오, 칼루아, 커피, 초코시럽, 우유 등의 재료를 활용하여 만든 칵테일에 주로 사용한다.

민트(Mints)

대표적으로 모히토(Mojito) 칵테일을 만들 때 크러시드 아이스 위에 올려 장식한다.

이 외에 라임이나 레몬웨지의 껍질 부분에 꽂아서 사용하기도 한다.

로즈마리(Rosemary)

상쾌하면서도 강렬한 향을 지닌 허브로서 칵테일에 허브의 향을 더하기 위해 사용한다.

주로 완성된 칵테일에 넣거나, 다른 재료와 함께 글라스에 끼우거나, 향을 더욱 풍성하게 하기 위해 살짝 토치(Torch)를 하여 사용하기도 한다.

셀러리(Celery)

　대표적으로 스틱으로 잘라서 블러디 메리의 가니쉬로서 넣어준다. 가능한 신선한 셀러리의 안쪽 부분에 있는 줄기를 사용하는 것이 좋다.

소금 & 설탕(Salt & Sugar)

　대표적으로 데킬라를 베이스로 한 마가리타(Margarita) 칵테일에 사용하며, 글라스 입구주위에 레몬이나 라임즙을 묻힌 뒤 소금이나 설탕을 묻혀서 사용한다. 가능한 음료가 담길 잔의 안쪽보다는 바깥쪽에 얇고 일정한 넓이로 묻히는 것이 좋다

더스트(Dust)

　강판(Grater)을 사용하여 치즈, 커피원두, 초콜릿 등을 갈아서 칵테일 위에 뿌려주거나 파우더제품을 사용하기도 한다.

고추(Chili)

칵테일에 장식으로서 사용할 경우 흔히 씨는 제거하고 물에 헹군 후 사용한다.

기타 재료

식용꽃, 인삼, 더덕, 멜론

칵테일의 조주계량 및
브랜디와 리큐어의 비중

PART 10
칵테일의 조주계량 및 브랜디(Brandy)와 리큐어(Liqueur)의 비중

칵테일을 만들 때에는 각 칵테일별로 정해진 정확한 레시피(Recipe)를 기준으로 만들어야 한다. 어느 한가지의 재료가 적거나 많이 사용한 경우 특정 칵테일의 특징(색, 향, 맛)이 틀려지게 되기 때문이다.

이를 위해 칵테일 제조 시 반드시 정확한 양을 계량하기 위해서 계량컵(Measure Cup/Jigger)을 사용하는 것이 바람직하다.

1. 표준 바 계량(Standard Bar Measures)

Measurement	Ounces
대시(Dash)	1/32온스(1/8 teaspoon)/5~6 drop
티스푼(Tsp)	1/8온스(1 bar spoon)/대략 5ml
테이블스푼(Tbsp)	3/8온스
포니(Pony)	1온스(1 shot/1 finger)/30ml
지거(Jigger)	1.5온스/45ml
스플리트(Split)	6온스/180ml

2. 기타 바 계량(Other Measures)

컵(Cup)	8온스/240ml
하프 파인트(Half pint)	8온스/240ml
파인트(Pint)	16온스/480ml
쿼트(Quart)	32온스
하프 갈론(Half Gallon)	64온스
갈론(Gallon)	128온스

3. 리큐어(Liqueur)의 비중

칵테일을 만드는 여러 가지 방법 중 띄우기(Floating/Layering) 방법을 사용할 경우 Liquor(모든 종류의 술)과 기타 재료들의 농도(밀도)가 알코올과 설탕의 함유량에 따라서 다르기 때문에 재료들의 농도(밀도)를 알아둘 필요가 있다. 물론, 같은 제품이어도 브랜드에 따라서 다소 달라질 수도 있다.

Sloe Gin 4.7	Blue Curacao 11.9
Kummel 4.8	Cherry Liqueur 12.0
Pepermint Liqueur 5.4	Apricot Liqueur 12.7
Peach Liqueur 5.7	Coffee Liqueur 13.9
Triple Sec 7.9	White cream de cacao 15.1
Apricot Brandy 8.4	Brown cream de cacao 15.2
Cherry Brandy 8.4	Cream de menthe 16.2
Orange Curacao 10.4	Cream de Banana 18.2

PART II

칵테일 베이스

PART 11
칵테일 베이스

1. 진(Gin)

진(Gin)이란 주니퍼 베리의 주요한 풍미와 기타 식물들(Botanical)의 풍미가
어우러진 증류주이다.

진의 재료

진의 재료 : 옥수수, 호밀, 보리, 밀 등의 곡물과 주니퍼베리,
코리안더, 안젤리카 뿌리

처음에는 열대성 열병 치료목적의 의약품으로 만들어 졌다가
진 특유의 향이 주목 받으면서 그 용도가 다양해졌다.

진은 기본적으로 옥수수, 호밀, 보리, 밀 등의 곡물을 이용하여
만든다. 기본 중성 증류주에 기타 재료를 더해서 증류하거나 합성
하여 풍미를 입혀준다.

여러 식물들이 각각의 생산자들에 의해 사용되지만 그 중에서
도 가장 중요한 향기, 풍미를 진에 부여하는 기본 3가지
재료는 주니퍼 베리(노간주 나무 열매), 코리안더(고수)
열매, 안젤리카 뿌리이다.

풍미(Flavor)를 더하는 원료들을 보면 '초근목피
(Botanic)'라 하여 이는 열매, 잎, 뿌리, 씨앗, 꽃, 또는
건과와 같은 식물의 추출물이다.

모든 진에 사용되는 3대 주요 '초근목피'가 만들어주는 특징

1. 주니퍼 베리(Juniper Berry) : (가죽, 솔향, 과일) 오일의 아로마
2. 고수풀 열매(Coriander Seeds) : (감귤, 스파이시) 아로마
3. 안젤리카(Angelica)뿌리 : 흙, 곰팡이, 초콜릿, 약간의 단향

그 밖의 레몬, 민트, 계피, 감초, 오이, 오렌지 껍질, 펜넬, 아니스, 등이 쓰인다.
EU법에서는 주류 중에서 Spirit Drink에 진을 포함시키고 있으며, Spirit Drink
에 관한 규정 안에는 주니퍼베리를 이용한 음료를 Juniper-flavored spirit drink,
Gin, Distilled gin, London gin의 총 4가지로 분류하고 있다.

대표적인 진의 종류 및 제조방법

① 런던 진(London Gin)

- 런던 진은 Distilled Gin의 한 종류로서 알코올 함량 100%의 알코올 기준으로 1헥토리터당 5g 이하의 메탄올이 함유된 중성 스피릿으로만 증류하여야 함
- 진의 맛은 오직 전통적인 증류기를 사용하여 재증류할 때 천연재료로만 첨가되어야 함
- 증류 결과물은 최소 알코올 함량은 70%ABV 이상이어야 함
- 추가로 중성스피릿을 더할 경우에는 원재료에서 나온 것 이외의 다른 맛이 없어야 하는 중성스피릿을 사용해야 함
- 증류 후에는 물 이외의 첨가물이 없어야 하며, 향료는 첨가할 수 없으며 감미료는 리터당 0.1g을 초과할 수 없음
- 알코올 함량은 최소 37.5% 이상이어야 함
- 드라이(Dry)라는 용어를 런던진에 보충해서 사용할 수 있음

1-1. 런던 진(Dry Gin)의 유명 제품

(1) 고든스(Gordon's) / 43%

재료 : • 중성 스피릿 + 최상위 10%의 주니퍼베리(오일과 풍미를 축적 위해 2년간 숙성)
  • 코리앤더, 앤젤리카 뿌리, 리코리스, 오렌지 껍질, 레몬 껍질

제조방법 : • 부드러움을 위하여 3회 증류(트리플 증류방식)
  • 밀에서 진 완성까지 약 10일 정도가 소요

특징 : 레몬, 쥬니퍼베리, 상쾌한 솔나무 향, 상큼한 과일, 스파이시함

(2) 탠커레이(Tanqueray) / 43%, 47.3%

재료 : 최상급 곡류 + 보태니컬(풍부한 아로마 오일을 얻기 위한 18개 월 숙성시킨)

제조방법 : • 스티핑 과정 없이 중성 스피릿에 넣고 바로 증류
  • quadruple distilled이라는 4번의 증류
  • 3번의 증류로 중성 스피릿을 만든 후 4번째 증류 시 여러 보태니컬과 함께 1,000L 용량의 NO 4 단식 증류기(올드 탐)에서 증류

(3) 탠커레이 넘버탠(Tanqueray No.TEN) / 47.3%

재료 : 최상급 곡류 + 코리앤더, 안젤리카, 리코리스, 독일산 카모마일, 자몽, 오렌지, 라임 등 감귤류 등 8가지의 보태니컬

제조방법 : • 스티핑 과정 없이 중성 스피릿에 넣고 바로 증류
  • 전 세계에서 유일하게 신선한 감귤류(플로리다산 자몽과 오렌지, 멕시코산 라임)의 과일과 독일산 카모마일을 첨가 해서 생산

- Tiny NO.10이라는 400L 증류기에서 3회 증류 후 4번째 증류는 1,000L 용량의 NO 4 단식 증류기에서 보태니컬과 함께 증류
- 최상급의 신선한 재료만을 사용하며, 일반적인 진은 증류되는 유액을 90% 정도 사용하게 되지만, 넘버텐은 앞 부분(초류)20%, 뒷부분(후류) 20%를 제거하여 최종 핵심 증류 원액을 60% 정도만 사용하여 최고의 품질을 자랑하는 슈퍼 프리미엄 진이다.

(4) 비피터(Beefeater) / 40%

재료 : 100% 그레인 스피릿 + 9가지 보태니컬

제조방법 : • 100% 그레인 스피릿(증류주)을 사용해 증류
　　　　　 • 증류 전 9가지의 보태니컬을 24시간 침지 후 1회 8시간의 구리 단식 증류기로 증류

(5) 비피터 24(Beefeater 24) / 45%

재료 : 최상급 영국 보리 + 2가지 보태니컬

제조방법 : 비피터에 추가로 일본녹차, 중국 녹차, 자몽필을 포함한 12개가지의 보태니컬을 24시간 침지(Steeping) 후 1회 구리단식 증류기로 증류

특징 : 복합적이면서도 풍부한 부드러움

(6) 봄베이 사파이어(Bombay Sapphire) / 47%

재료 : 중성 스피릿 + 주니퍼베리, 레몬 필, 아몬드, 감초, 계피, 안젤리카 등의 10가지

제조방법 : • 전 세계 4대만 존재하는 카터 헤드 증류기 사용(3회 증류)
　　　　　 • 스피릿에 보태니컬을 직접 넣어서 증류하는 일반적인 진과는 달리 스피릿과 분리된 구리바스켓을 활용한 증기주입방식(보태니컬)

특징 : 복합적, 복합적이며 강한 향, 감미롭고 부드러운 맛

(7) 스타 오브 봄베이(Star of Bombay) / 47.5%

재료 : • 중성 스피릿 + 주니퍼베리, 레몬 필, 아몬드, 감초, 계피, 안젤
　　　　리카 등의 10가지(기존 봄베이 사파이어 재료)
　　　 • 이탈리아 칼라브리아(남부해안지방)에서 채취한 베르가못 오렌
　　　　지 껍질
　　　 • 에콰도르산 암브레트(히비스커스 열매, 수레국화 일종) 시드를
　　　　첨가/총 12가지

제조방법 : • 카터 헤드 증류기 사용(3회 증류)
　　　　　 • 스피릿과 분리된 구리바스켓을 활용한 증기주입방식(보태
　　　　　　니컬)의 속도를 늦춰서 추출

특징 : 풍부한 감귤향, 보다 깊은 풍미, 섬세함, 부드러움

(8) 피프티 파운즈(Fifty Pounds) / 43.5%

재료 : 중성 스피릿 + 약 11가지

제조방법 : • 4번 증류로 중성 스피릿 제조 후 재증류 전 최소 2일 이상
　　　　　　보태니컬 등을 스티핑
　　　　　 • 증류 후 3주 정도의 안정화 작업 후 물과 중성 스피릿을
　　　　　　섞어서 완성

(9) 브로커스(Broker's) / 40%

재료 : 중성 스피릿(영국 밀) + 10가지 보태니컬

제조방법 : • 총 5번의 증류
　　　　　 • 재증류 전 24시간 스티핑 후 구리단식 증류기 사용

(10) 부들스(Boodles) / 40%

재료 : 중성 스피릿(영국 밀) + 9가지의 보태니컬

제조방법 : • 카터 헤드 증류기 사용하여 증기주입 공정방식으로 생산
               • 감압증류 방식 적용

특징 : • 보태니컬 중 넛맥, 로즈마리, 세이지(사루비아 일종)가 사용되는
       독특함
      • 시트러스계 보태니컬이 사용되지 않음

② 증류 진(Distilled Gin)

- Juniper-flavored spirit drink로 오직 중성 스피릿을 전통적으로 진을 증류
  하던 증류기(단식증류기)를 사용하여 주니퍼베리 및 천연 보태니컬과 함께
  재증류하여 만들어야 함
- 결과물에 천연 착향료 혹은 천연향료의 사용이 가능함

2-1. 증류 진(Distilled Gin)의 유명 제품

(1) 더 보타니스트(The Botanist) / 46%

영국 아일레이 섬의 브룩라딕 증류소에서 생산하는 드라이 진이다.

재료 : 식물학자들이 손으로 수확한 22가지 식물, 9가지 식물성 추출물
       총 31가지

제조방법 : 주니퍼베리 2종을 포함한 9가지 보태니컬을 하루 스티핑
              후 22가지 보태니컬을 증기주입 방식으로 17시간 증류

특징 : 주니퍼베리 2종, 선명한 꽃 아로마, 주니퍼 특유의 드라이함, 크리
      미한 택스처

(2) 핸드릭스(Hendrick's) / 44%

재료 : 네델란드산 그레인 + 11가지 향료식물, 네덜란드산 오이와 불가
리아산 장미꽃잎오일

제조방법 : • 베넷 증류기(단식증류기) 증류 전 24시간 보태니컬 스티핑
후 증류
• 카터 헤드 증류기 증류는 증기주입방식으로 증류
• 위 2가지 블렌딩 후 오이 에센스, 장미꽃잎 에센스 첨가

특징 : 차별적인 플레이버(장미 꽃잎, 오이)로 인하여 화려한 풍미와 감미

(3) 몽키 47(Monkey 47) / 47% / 독일

재료 : 쥬니퍼베리, 크란베리, 시트러스, 7가지의 페퍼 등 47가지

제조방법 : • 비터오렌지 껍질, 포멜로(자몽계열) 등의 재료들을 전통 토
기에 증류 전 36시간 침용
• 증류 후 자기용기에 3개월 저장 후 블랙포레스트의 부드
러운 물과 혼합
• 브라운 병으로 자외선으로부터 휘발성 아로마 보호

(4) 시타델(Citadelle) / 44% / 프랑스

재료 : 19가지 보태니컬

제조방법 : 시타델 오리지널, 시타델 진 리저브(코냑 캐스크에 솔레라
시스템)

특징 : • 72시간 스티핑(중성 증류주에 보태니컬들 침지) 후 알람빅 샤랑
테 꼬냑 증류기 사용
• Naked Flame(직화 방식, 증기가 아닌 사람이 직접 석탄 태워
서) 12시간 증류

③ 네덜란드 진

영국 진에 비해 중후한 풍미를 가지고 있으며, 홀랜드 진 또는 제네바 진이라고 한다.

① 옥수수, 호밀, 밀, 보리 등의 곡류를 발효하여 발효액을 만든 후 단식 증류기에서 1차 증류

② 1차 증류를 마친 증류액에 주니퍼베리를 넣어서 단식증류기로 재증류

③ 안젤리카 뿌리, 코리앤더(고수)풀, 감귤류 껍질을 넣고 재증류

④ 단기간 저장 후 희석하여 병입, 시판한

2-1. 네덜란드 진(Holland Gin)의 유명 제품

진의 탄생지 네덜란드에서 만들어지는 진이다. 현재는 증류주만이 아니라 리큐어에서도 폭넓은 제품을 생산하는 볼스사에서 전통적인 중후한 풍미의 제네바를 생산하고 있다.

대맥을 2회 증류한 후에 쥬니퍼베리의 향을 부드럽게 낸 것으로 칵테일보다는 스트레이트로 마시기에 좋다.

2. 럼(Rum)

럼이란 사탕수수의 부산물인 몰라세스(Molasses, 당밀)나 사탕 수수즙을 발효, 증류시켜 만든 투명한 증류주로서, 보통은 오크통에서 숙성된다.

럼의 재료 & 제조방법

재료 : 당밀(molasses)

제조방법

1. 사탕수수로부터 설탕을 만들고 남은 찌꺼기인 당밀(molasses)를 주로 사용한다.
2. 물로 묽게 하여 당분이 12~16% 정도 되게 금하여 발효시킨다. (참고로, 당밀 자체가 풍미가 좋고 단맛과 향이 있으며, 원료자체가 당분이므로 별도의 당화 과정은 필요 없다)
3. 라이트 럼은 연속식 증류기로 증류하여 높은 알코올을 얻는다.
4. 이것을 물로 희석하여 스테인레스 탱크나 참나무통에 저장, 숙성하여 활성탄에 여과하여 제품화 한다.
5. 헤비럼은 단식 증류기를 사용하여 저장, 숙성 할 때 안쪽 면을 태운 오크통을 사용한다.

카리브 해의 서인도 제도에서 탄생한 럼은 설탕의 원료인 사탕수수로 만든 술이다.

럼은 사탕수수를 짠 즙에서 사탕의 결정을 분리하여 설탕을 만들고, 남은 당밀을 물로 희석해서 발효 후 증류시킨다.

럼을 색으로 분류하면 화이트와 골드, 다크 등 세 가지 유형으로 나서수 있다. 풍미(風味, 맛)로 분류하면 가벼운 맛의 라이트 럼, 중간 맛의 미디엄 럼, 중후한 맛의 헤비 럼으로 구분할 수 있다. 이 밖에 빈티지 럼이 있다.

럼의 종류

① Light(White) Rum

연속식 증류방법으로 생산되므로 풍미가 가볍고 부드럽다. 열대 과일과 잘 혼합되어 칵테일 기주로 많이 사용된다. 쿠바가 원산지이다.

② Medium(Gold) Rum

색과 풍미가 라이트와 헤비의 중간에 위치하는 럼이다. 라이트 럼과 헤비 럼을 혼합하거나 또는 캐러멜 칙색 등의 다양한 방법으로 만들어지고 있다.

③ Heavy(Dark) Rum

당밀을 자연 발효시켜 단식 증류한 후 통숙성시킨 것으로 향미가 풍부하다. 주로 자마이카(Jamaica)에서 많이 생산하고 있다. 스파이스드 럼, 플레이버 럼, 오버 프루프 럼 등이 있다.

Tip

당밀(molasses) : 설탕을 제조할 때에 부산물로 생산되는 자당을 함유하는 액체의 총칭으로 더 이상 설탕을 회수하기 어려운 것을 말한다.
럼, 설탕, 물, 레몬주스로 만드는 Rum Sling 은 미국 칵테일의 최초의 샘플이다.

3. 보드카(Vodka)

보드카의 재료 & 제조방법

보드카(Vodka)란 발효 가능한 재료를 이용, 발효 후 발효원액(wash)을 연속 증류를 통해 알코올 도수 80~96% ABV의 에틸 알코올을 만들고, 자작나무 활성탄으로 여러 번의 여과 과정을 거친 뒤 물로 희석시켜서 만드는 도수 37.5% ABV 이상의 무색 투명한 증류주이다.

보드카 역사의 3가지 포인트

① 슈낼하르트 협정

기존의 보드카 벨트국가인 러시아, 스웨덴, 폴란드 등에서 보드카는 감자, 곡물,

당밀로 만든 것이어야 했었다. 하지만, 2000년 초 프랑스에서 포도로 만든 보드카 시락(Ciroc)이 출시되면서 신흥국가와의 보드카 이름에 대한 공방이 펼쳐지게 되었다. 이 문제를 독일의 정치인 호르스트 슈넬하르트는 곡물이 아닌 재료를 사용할 경우 그 재료의 이름을 밝히는 소선으로 보드카라는 이름을 사용하게 금 타협안을 내놓게 되었다.

② 볼셰비키 혁명

1917년 러시아 혁명 이후 러시아인 블라디미르 스미노프가 해외로 망명 후 보드카 제조방법을 유럽 및 미국에 전파하게 되었다.

③ 금주법 해금

1920~1933년 미국의 금주법 이후 프리미엄 보드카 생산 및 칵테일 개발의 본격화가 시작되었다.

보드카의 재료 : 감자, 호밀, 밀, 고구마, 보리, 옥수수, 포도 등

유럽연합(EU)에서는 보드카를 '농산물에서 기원한 에틸 알코올(Ethyl Alcohol)을 정류하거나 활성탄을 여과시켜서 활용된 원료의 감각적인 특성이 선택적으로 완화되어 생산된 주정음료이다.'라고 정의한다.

공식적으로 보드카를 처음 주조한 것은 9세기 러시아였다.

초기에는 거친 풍미를 감추기 위해 향신료나 리큐어 등을 가미했으나 18세기 쯤 숯 필터 기술을 개발하면서 잡내와 불순물이 없는 프리미엄 보드카가 탄생했다.

보드카의 주원료는 일반적으로 옥수수, 호밀, 보리 등의 grain(곡물)과 감자, 고구마로 만들어진다. 이러한 재료를 발효, 증류해서 주정을 만들고 물로 희석한 다음 자작나무 숯으로 여과한다. 보드카는 적어도 3번 증류과정을 거친다.

보드카 생산의 매우 중요한 단계는 자작나무 활성탄을 통한 여과이며, 다양한 브랜드에서는 석영 모래, 규조토, 화산암, 다이아몬드 가루, 금실, 은, 수정 등을 이용하여 여과를 한다.

보드카는 거의 수수한 알코올과 같은 190proof(95도)까지 증류된 후 여과된다.

따라서 낮은 알코올도수에서 특유의 풍미를 가져오는 불순물들은 보드카의 증류 시 거의 완전히 없어지게 된다.

이와 같은 이유로 보드카는 흔히 무색, 무미, 무취라는 특징을 지니게 된다. 하지만 요즘은 매우 다양한 향과 맛을 지닌 Flavored Vodka(플레이버 보드카)도 있다.

유명한 보드카 제품

(1) 스미노프(Smirnoff) / 40% / 글로벌

재료 : 100% 곡물

기타 종류 : 블랙, 블루, 실버, 기타 플레이버 등

제조방식 및 기타사항 : 3회 증류와 10회 활성탄(자작나무 숯) 여과
- 라벨(Label)의 'Ⅲ' 마크는 3번의 증류과정을 의미
- 라벨(Label)의 'Ⅹ' 마크는 10번의 여과과정 의미
- 라벨(Label)의 'No. 21'은 스미노프 고유의 레시피 넘버 의미

(2) 앱솔루트(Absolute) / 40% / 스웨덴

재료 : 스웨덴 아후스 지방의 최고급 겨울밀, 청정 샘물

기타 종류 : 시트론, 바닐라, 만다린, 어피치, 페어, 아사이, 애플 등

제조방식 및 기타사항 : 수백 번의 연속 증류 과정
- 18세기 약병에서 영감을 얻어 제작된 바틀(Bottle)디자인

(3) 퓨리티(Purity) / 40% / 스웨덴

재료 : 최상급의 유기농 겨울 밀, 보리, 나트륨 성분 없는 미네랄 워터

제조방식 및 기타사항 : 구리와 금으로 된 특수 증류기 사용(여과 과정 필요 없음)
- 34회의 증류를 거쳐 순수 10%(Perfet Cut이라 불림)만 사용

(4) 스톨리치나야(Stolichnaya) / 40% / 러시아

재료 : 러시아 탐보브 지역의 겨울밀과 용천수

기타 종류 : 엘리트, 핫, 골드, 와일드제리, **초콜렛코코넛**, 스티키, 애플
시트러스 등

제조방식 및 기타사항 : 러시아 탈비스 증류소에서 3회 증류를 통한 헤
드(Head), 테일(Tail)을 제외한 최고품질의 알파 스피릿
(Alpha Spirit)만을 사용
- 라트비아스 발잠스(Latvijas Balzams)에서 4회 여과
- 석영 모래와 러시아산 자작나무 숯으로 여과
- 순수한 천연의 발잠스 지하수로 블렌딩하여 완성

(5) 러시안 스탠다드(Russian Standard) / 40% / 러시아

재료 : 러시아 블랙스텝 지역의 최고급 겨울 밀
1만여 년 전의 빙하가 녹아 만들어낸 청정한 Ladoga 호수의 물

기타 종류 : 골드, 플래티넘, 임페리얼

제조방식 및 기타사항 : 세계에서 가장 긴 35미터의 여과기를 사용하는
보드카
- 1, 2차 증류, 희석, 여과, 완화과정, 병입으로 생산됨
- 1차 증류로 Finest Raw Spirits 생산
- 2차 증류 시 440개의 플레이트를 통한 증류 실시
- 희석 시 라도가(Ladoga)호수 물을 통해 40% ABV로
희석
- 여과 시 4회의 자작나무 숯 여과(스탠다드)
- 완화 : 보드카와 물의 밸런스를 맞추는 과정(Relaxation
과정)
- 병입 : 보드카로 병과 캡을 세척 후 병입
  - 플래티넘과 임페리얼은 추가로 2회의 은, 수정결정판
  여과 후 보틀에 'Silver Filterd' 로고 사용

(6) 벨루가 노블(Beluga Noble) / 40% / 러시아

재료 : 자연발효로 만든 몰트 증류주, 시베리아의 330M 지하의 청정
      수, 설탕시럽, 천연꿀, 오트밀, 우유 엉겅퀴 추출물, 바닐라

기타 종류 : 벨루가 골드(90일 숙성 제품)

제조방식 및 기타사항 : 벨루가 만의 30일 숙성

(7) 스노우레오파드(Snow) / 40% / 폴란드

재료 : 스펠트 밀(Spelt Wheat), 증류소 내 천연 지하수

제조방식 및 기타사항 : 6회 단식증류 과정, 2번의 숯 여과(Charcoal
      Filterd) 방식
      • 100년 역사의 폴모스 루블린 증류소에서 증류

Tip

스펠트 밀(Spelt Wheat)

- 세계에서 가장 오래된 원종에 가장 가까운 밀의 종류
- 스펠트 밀은 기존 슈퍼 프리미엄 보드카 원료보다 약 5배정도 고가의 밀
- 기존 곡물에 비해 상당히 높은 담백질 함유량

(8) 벨베디어(Belvedere) / 40% / 폴란드

재료 : 최상급 호밀인 단코스키 골드 라이(Dankowki Gold Rye)

기타 종류 : 블랙라즈베리, 핑크자몽, 시트러스, 오렌지

제조방식 및 기타사항 : 4회의 증류와 규조토로 3회의 여과, 총 33회의
      공정을 거침
      • 보틀(Bottle)의 성은 폴란드 대통령 궁을 상징하는 트레
      이드 마크

(9) 시락(Ciroc) / 40% / 프랑스

재료 : 프랑스 남서부 가이약 지방의 마우작블랑(Mauzac Blanc)
프랑스 코냑 지방의 위니블랑(Uigni Blanc)

기타 종류 : 코코넛, 레드베리, 피치

제조방식 및 기타사항 : Snap Frost(저온 공정) : 8도씨의 차가운 상태
의 침용, 발효, 저장 후 증류
- 저온 공정으로 인하여 박테리아 예방을 위한 이산화황
불필요
- 꼬냑 지방에서 5회 증류(라벨의 '5'의 의미)
(두 품종 각각 연속식 4회 증류 후 블렌딩하여 마지막 1
회 단식 증류)
  - 보틀의 블루스톤은 가이약 지방에서 자생하는 파란
색 염료로 쓰이는 '이사스티 틴토리아'라는 꽃을 형
상화 한것임(꽃은 노란색이지만 빻아서 색을 내면 파
랑색 염료가 됨)
  - CIROC은 두 개의 프랑스어인 Cime(정상) Roche
(바위)를 조합해서 탄생한 이름으로서 포도가 생산되
는 농장이 높은 지역의 바위벽에 둘러 쌓인 요새 바
깥에 위치해 있는 이유

(10) 시타델 6C(Citadelle 6C) / 40% / 프랑스

재료 : 디카르디아 보스지역의 최상급 밀(오직 증류를 목적으로 재배
된 밀)

기타 종류 : 시타엘 6C 리저브

제조방식 및 기타사항 : 5회의 연속식 증류 후 1회의 단식 증류
- 6번째 단식증류 시 석탄을 직접 태우는 직화방식(Na-
ked Flame)을 사용
  - 마지막 1회의 증류과정을 6C라고 함
  - 6은 6회의 증류를 의미

– C는 6번째 증류 시 사용하는 구리로 된 샤랑
떼 팟 스틸(Charentais Pot Still)을 의미함

(11) 그레이구스(Grey Goose) / 40% / 프랑스

재료 : 라 보스지방의 100% 프랑스산 밀

매시프 센트럴 산맥의 청정수

기타종류 : 시트론(레몬), 포아르(배), 오랑지(오렌지)

제조방식 및 기타사항 : 5회 증류과정

(12) 레이카(Reyka) / 40% / 아이슬란드

북극해 화산섬 아이슬란드의 수제 프리미엄 보드카인 '레이카'는 아
이슬란드어로 '증기'라는 뜻으로서 화산활동으로 뜨거워진 지열을 이
용해 원액을 증류하는 에너지로 활용하는 데에서 유래했다.

재료 : 밀과 북극의 4000년 된 화산암 지대의 천연 광천수

제조방식 및 기타사항 : 전 세계 4대 남아있는 '카터헤드 스틸(Carter-
Head Still)' 증류기 사용

• 증류기 여과장치에 화산암을 넣어서 증류
• 증류 시 화산지대 지열을 이용해 증류

(13) 티토스(Tito's) / 40% / 미국 텍사스

재료 : 옥수수 100%

제조방식 및 기타사항 : Pot Still로 6회 단식증류
  • 미국 최초 '글루텐 프리' 인증 마크를 획득한 보드카
  • 글루텐 : 밀이나 보리에 들어있는 식물성 단백질의 혼합
    물로서 간혹 알레르기, 소화장애 발생

(14) 스카이(Skyy) / 40% / 미국

재료 : 100% 순수 아메리칸 그레인

기타 종류 : 라즈베리, 멜론, 시트러스, 패션후르츠, 모스
  카토, 파인애플

제조방식 및 기타사항 : 6회 증류와 3회 필터링 공법

(15) 단즈카(Danzka) / 40% / 덴마크

재료 : 덴마크산 100% 통밀과 지하수

기타 종류 : 시트러스, 자몽, 크렌라즈(크렌베리와 라즈베리 혼합),
  커런트

제조방식 및 기타사항 : 6개의 컬럼(Column)을 가진 연속 증류기로 수
  백 번의 증류
  • 700ml 생산에 통밀 1kg 소요

보드카가 가진 몇 가지 차이점

첫 번째, 브랜드간의 풍미의 차이이다.

재료에 있어서 곡물과 감자는 풍미에 있어서 분명한 차이를 가져온다.

두 번째, 혀와 입에서 느껴지는 Texture(질감)의 차이이다.

예를 들어, 앱솔루트는 스윗트한 피니시를 지닌 실키함을 종종 보여주는 오일리함과 점성이 있는 텍스처를 지니고 있다.

스톨리치나야는 맑고 거의 묽은 질감과 약간은 약품의 피니시를 지니고 있다.

앱솔루트의 단맛과 오일리한 질감의 흔적은 증류 시 일부 글리세린 때문이다.

스칸디나비아(덴마크, 노르웨이, 스웨덴) 국가들은 피니시에 있어서 단맛의 느낌을 지닌 실키한 스타일의 보드카를 생산하는 경향이 있다.

러시아와 동유럽국가들은 맑고 대부분이 섬세하고 드라이한 피니시의 보드카를 생산한다.

세 번째, Heat(열)의 차이이다.

대부분의 보드카는 40도의 알코올을 지니고 있다, 하지만, 어떤 것은 혀에서 보다 더 강렬하게 느껴지는 경우가 있다.

일반적으로 저가의 벌크를 통한 보드카는 입과 목에서 타들어가는 듯한 강한 느낌을 받는다.

반면에 증류전문가가 만든 보드카는 부드럽고 라운딩한 느낌을 받는다.

마티나 스트레이트로 마시는 경우 프리미엄 또는 수퍼 프리미엄 브랜드를 선택하는 것이 좋다.

다음은 주요 보드카의 생산국가 및 주요 재료들이다.

⊙ Value Brands
- Smirnoff(스미노프)/미국/80 proof
- Olifant(올리판트)/네델란드/80 proof
- Wyborowa(비보로바)/폴란드/80 proof
- Luksusowa(룩스소바)/폴란드/80 proof/potato

⊙ Premium Brands

⊙ Premium Brands

- Absolut(앱솔루트)/스웨덴/80 proof/; 겨울밀
- Finlandia(핀란디아)/핀란드/80 proof/6-row Barley(대맥)
- Skyy(스카이)/미국/80 proof
- Peconika/미국/80 proof/potato/grain
- Teton/미국/80 proof/potato
- Stolichnaya/러시아/80 proof/wheat(겨울밀)

⊙ Super-Premium Brand

- Belvedere/폴란드/80 proof/rye(호밀)
- Chopin/폴란드/80 proof/potato
- Grey Goose/프랑스/80 proof/wheat(여름 밀)
- Ciroc/프랑스/80 proof/grape(포도/위니블랑, 마우작 블랑)
- 42 Below/뉴질랜드//80 proof/wheat(유기농 밀)

4. 데킬라(Tequila)

데킬라 재료 & 제조방법

데킬라는 주로 멕시코 할리스코 주의 데킬라 시티 지역에서 블루 아가베의 피냐(Pina)에서 발효 가능한 당을 최소 51% 이상을 얻어서 만든 발효주(풀케)를 보통 2회 단식 증류시켜 만든 메즈칼을 의미한다. 멕시코의 여러 곳에서 유사한 증류주를 생산하는데 이를 '메즈칼(Mezcal)'이라고 부르고, 메즈칼은 여러 지역에서 생산되나 유명한 지역은 오악사카(Oaxaca)주이다.

재료 : 용설란(멕시코어로는 Maguey, 마게이)과의 식물인 아가베(Agave)

제조방법 : 아가베를 발효하여 풀케(Pulque)를 만든 후 2회 단식 증류하여 메즈칼
(Mezcal) 생산

메즈칼의 원료가 되는 아가베에는 3가지 품종이 있는데 아가베 아메리카나
(Agave Americana), 아가베 아트로비랜스(Agave Atrovirens), 아가베 아즐 테킬
라나(Agave Azul Tequilana)이다.

이중 멕시코 5개주의 특정 지역에서 Agave Azul Tequilana(아즐 테킬라나; 블
루 아가베))로 만든 메스칼을 데킬라라 한다.

데킬라 제조 허가 5개주

할리스코(Jalisco), 나야릿(Nayarit), 미초아칸(Michoacan), 과나후아토
(Guanajuato) , 따마울리빠스(Tamaulipas)

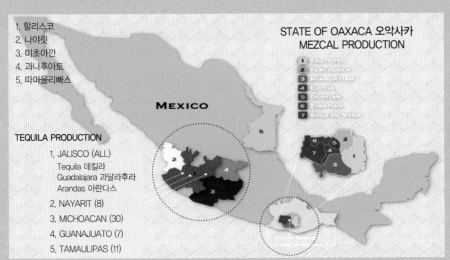

메즈칼과 데킬라의 비교

Mezcal	&	Tequila
Agave Americana(아메리카나) Agave Atrovirens(아트로비랜스) 품종으로 만든 증류주		데킬라 마을에서 재배한 Agave Azul Tequilana (아즐 데킬라나) (블루 아가베) 51% 이상으로 만든 메즈칼
아가베를 화덕에서 굽는 방법 사용		아가베를 스팀으로 찌는 방법 사용
1회 단식 증류		보통 2회 단식 증류
상대적으로 거칠고 복합적인 강한 풍미		상대적으로 부드럽고 라운딩한 풍미
보다 남쪽인 오악사카 주 부근에서 주로 생산		북부지역에 가까운 할리스코주의 과달라하라 주변 지역에서 가장 많이 생산

▶ 프리미엄 제품들의 경우에는 증류 횟수나 숙성기간에 차별화 전략

데킬라의 종류

(1) Blanco(Silver/Plata/White) 데킬라 / aged 0-59 days

대부분 일반적으로 무색의 투명한 데킬라로서 무색이어야 하는 필수사항은 아니다. 아가베가 잘 익어서 성숙될 때까지 시간이 걸리는 만큼 블랑코는 베럴에서 보다는 이미 땅에서 숙성한다고도 말한다. 흔히 증류 후 바로 병입 또는 스테인리스스틸통에서 30일 이하 저장 후 병입한다.

(2) Joven(gold/oro) 데킬라 / blended / coloured

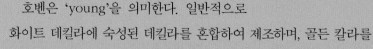

호벤은 'young'을 의미한다. 일반적으로 화이트 데킬라에 숙성된 데킬라를 혼합하여 제조하며, 골든 칼라를 위하여 카라멜 색소, 오크 추출물, 글리세린 등을 사용한다.

(3) Reposado(aged) 데킬라 / aged 60 + days

흔히 재사용 버번통이나 프렌치 오크 또는 화이트 오크통 같은 작은 캐스크를 사용하여 최소 60일간 숙성하기 때문에 숙성이나 캐릭터에 있어서 어떤 경우에는 오히려 아네호 데킬라와 가까워 기기도 한다.

(4) Anejo(extra aged) 데킬라 / aged 1 + years

최소 1년 이상 최대 600 리터 프렌치 오크 또는 화이트 오크통에서 숙성된 데킬라 풍미와 칼라를 조정하기 위하여 캬라멜과 첨가물을 사용하기도 한다.

(5) Extra Anejo(ultra aged) 데킬라 / aged 3 + years

최소 3년 이상 최대 600 리터를 초과하지 않는 프렌치 오크나 화이트 오크통에서 숙성시킨 데킬라이다. 좋은 품질의 코냑과 비교할 만큼의 깊은 풍미와 긴 피니시의 특징을 지니고 있다.

(6) Curados

2006년 출시된 스타일/인퓨전 보드카와 유사하다. 레몬, 오렌지, 귤, 파인애플, 딸기, 배 같은 과일 풍미를 첨가한다. 최소 아가베 스피릿 25%와 나머지 75%는 케인이나 콘슈거 첨가하여 제조한다. 스탠다드 Curados는 1리터당 75ml까지 감미료, 색소, 향미료 사용이 가능하다.

데킬라 제조 과정

(1) 아가베 재배

데킬라 생산을 위한 공식기준법에 의거하여 규제 사무

국(CRT)에 약 22,000여 명의 아가베 생산자가 등록되어 있으며, 경작지 크기는 약 125,000헥타르 정도이다.

(2) 아가베 수확

약 5~8년이 지나야 아가베의 몸통이라 불리는 피냐(PINA)가 불룩해져서 수확할 수 있게 성숙된다. 아가베 수확자(히마도르, Jimador)는 COA라는 긴 칼로 몸통부분인 피냐 주위의 길고 뾰족한 줄기부분들을 제거하게 된다.피냐의 무게는 평균 60KG이며, 아가베 100% 데킬라 1리터 생산에 약 7KG의 피냐가 필요하다. 잘 익은 아가베는 달고 풍미가 가득한 데킬라를 생산한다.

(3) 아가베 굽기

전통적으로 피냐를 적당한 크기로 잘라서 증기가열식 벽돌화덕(Horno)에서 약 24-48 시간 구운 후 16-48시간 정도 식히는 작업을 거친다. 요즘에는 스테인레스로 된 대형증기 압력솥(Autoclave ocen)을 사용한다.

(4) 주스 추출

타호나(Tahona)맷돌로 익힌 피냐를 분쇄하는 전통방식이 있으며, 요즘은 자동화 라인을 통해 쥬스(아구아미엘, Aguamiel)을 추출한다.

(5) 알코올 발효

약 3-10일간 40도씨 이하에서 발효를 하며, 약 5% 알코올을 지닌 1차 발효주인 워시(wash)를 생산한다

(6) 증류

데킬라 제조를 위해서는 아가베 모스토(Mosto)를 구리단식 증류기 또는 연속식 증류기를 통해 최소 2회 증류해야 한다. 첫 번째 증류를 통해 20-25도 정도의 스피릿을 생산하고, 두 번째 증류를 통해 55-75도 정도의 스피릿을 생산한다. 이때 증류과정에서 'Middle Cut'을 실시하며 Head와 Tail 즉, 초류와 후류는 두 번째 증류통에 다시 넣어서 재증류에 사용한다.

(7) 숙성

대부분은 아메리카 버번위스키 통을 사용하며 규정상 캐스크에 들어가는 데킬라의 최대 스트랭스는 알코올 55%이다. 캐스크는 칼라와 풍미를 더하기 위해서 내부를 그을리거나 태우는 작업을 거치게 된다.

(8) 블렌딩 & 첨가

모든 종류의 데킬라에는 당분 1리터당 최대 75g의 캬라멜 색소, 글리세린, 설탕시럽, 오래된 데킬라, 향료 등의 첨가물과 다른 첨가물을 1리터당 85g을 첨가할 수 있다. 단 전체 부피의 1%를 넘을 수는 없다.

(9) 여과 & 희석

데킬라의 알코올도수 허가 규정은 35-55%이며, 병입 전 데킬라는 Charcoal 등을 이용하여 최소한의 저온 여과과정을 거친다.

(10) 병입 & 포장

멕시코 규정상 데킬라는 35-55도 사이로 병입해야 하며, 100% 아

가베 데킬라는 법적으로 표기된 데킬라 지역 안에서만 병입되어야 한다. 간혹, 믹스토 데킬라는 벌크(bulk)로 팔리기도 한다.

5. 브랜디(Brandy)

브랜디 재료 & 제조방법

재료 : 과실류

제조방법 : 과실류를 발효-증류-숙성-블렌딩

브랜디는 과일을 이용한 모든 증류주를 지칭하며 숙성 제품과 숙성하지 않은 제품이 있다.

종류는 포도 브랜디, 과일 브랜디, 퍼미스 브랜디로 나누어진다.

과일 브랜디는 프랑스와 독일에서 많이 생산하고 있으며, 프랑스에서는 오드비(Eau-de-vie)라 부르며 원료 과일의 이름을 뒤에 넣는다. 브랜디는 디저트 이후에 향과 맛을 음미하면서 식후주로 마시는 것이 보통이다.

퍼미스 브랜디란 포도 브랜디의 다른 형태로 남은 포도 껍질, 줄기, 씨 등으로 만드는 브랜디로서 대표적인 이탈리아의 그라파(Grappa)가 있다.

현재 브랜디는 세계 여러 나라에서 생산되고 있지마, 프랑스의 코냑과 알마냑 지방에서 생산하는 것을 2대 브랜디라고 한다. 코냑과 알마냑 등은 다른 지방이나 다른 나라에서 그 명칭을 사용할 수 없도록 규제를 받고 있다.

> **Tip**
>
> 독일 오드비에는 이름끝에 "Wasser"를 붙이는데 이 의미는 발효된 과일을 증류해서 만들었다는 것을 나타낸다.(증류주)
> 또 "Geist"는 알코올에 과일을 담가서 우려낸 것을 가지고 만들었다는 뜻이다.(혼성주)
>
> 1. Kirsch(커쉬) : 체리(버찌나무열매)를 발효, 증류하여 만든 프랑스산 브랜디
> 1. Kirsch wasser(커쉬 밧서) : 버찌나무 열매를 발효, 증류하여 만든 독일산 브랜디
> 2. Kirsch Geist(커쉬 가이스트) : 버찌나무 열매를 알코올에 담가서 우려낸 혼성주

브랜디의 종류

① 꼬냑(Cognac)

재료 : 청포도 품종인 위니블랑(ugni Blanc)

제조방법 : 포도발효–증류(단식증류 2회)–화이트오크통에 숙성–블렌딩

프랑스 Cognac지방에서 A.O.C법에 따라 규격에 맞게 생산되는 Brandy를 말한다.

재료인 포도 품종으로는 청포도 품종인 위니블랑(ugni Blanc)을 사용하며, 토질의 영향을 받아 이곳 포도는 고산도 저당도이다.

A.O.C법에 따라 6개지역이 지정되어 있다.

- 그랑드 샹빠뉴(Grand Champagne) : 최고급
- 쁘띠뜨 샹빠뉴(Petite Champagne)
- 보르드리(Borderies)
- 팽브아(Fins Bois)
- 봉브아(Bons Bois)
- 브이조르디네르(Bois Ordinaires) : 보통급

⊙ 제조과정

- 포도를 수확하여 알코올 도수 약 7-8%의 White Wine 을 생산
- 다음해 3월 31일까지 샤랑테 증류기(Charentais still)을 사용하여 증류작업을 거친다.
- 1차 증류를 통해 오드비(브리예, brouillis/약 28 ~ 32% 도수) 생산
- 2차 증류를 통해 오드비(본 쇼프, bonne chauffe/약 70% 도수) 생산
  2차 증류 시에는 초기 증발부분(head), 말기 증발부분(tail)을 제외한 하트(heart)를 생산
- 증류된 술은 최소 2년 이상 350~400L 용량의 White Oak Cask에 저장 숙성된다.
- 오래된 원주에 오래되지 않은 신주를 Blending 한다.
- BNIC(국립코냑사무국)은 2년 미만의 신주(Compte 1)는 사용 못하도록 규제하고 있다.

⊙ 숙성년도 표시

코냑은 숙성년도에 따라 별 또는 문자로 구분하여 표기하고 있다. 법으로 규정되어 있지 않아서 회사별로 그 의미가 같지 않으며, 국립코냑사무국에서 규정한 일반적인 분류응 다음과 같다.

- 쓰리스타(Three Star) 또는 VS(Very Superior) : 오크통 2년 이상 숙성
- VSOP(Very Superior Old Pale) : 오크통 4년 이상 숙성
- Napoleon, XO(Extra Old), Extra, Hors d'age : 오크통 6년 이상 숙성

코냑은 오크통 속에서 25년에서 50년 정도 숙성시켰을 때 가장 최고의 풍미를 보여준다. 오크통에서 숙성되는 오드비는 매년 약 2~3% 정도가 자연적으로 증발되는데 이것을 '천사의 몫(Angel's share)'이라 한다.

⊙ 코냑의 유명 제품

● 헤니시(Hennessy)

헤네시 코냑은 1765년 아일랜드 출신의 리차드 헤네시에 의하여 설립되었다.

헤네시의 특징은 리무진산의 떡갈나무로 자사에서 만든 새 오크통에 숙성한다. 오크통에서의 용출성분을 많이 배게 한 다음 묵은 통으로 숙성시킨다. 따라서 헤네시는 유명한 다른 제품에 비해 주질이 중후하다. 헤네시 제품으로는 V. S. O. P, Napoleon, X. O, Extra, Paradise급 등이 있다. 파라디스급은 숙성의 중후한 맛을 살린 최상품이다.

● 레미 마르땡(Remy Martin)

레미마틴 코냑은 별셋 급의 제품은 생산하지 않고, 전 제품이 V. S. O. P급 이상의 브랜디를 생산한다. 그랜드 상파뉴와 프티트 상파뉴 지구에서생산된 원주만을 혼합하여 'Fine Champagne' 칭호를 갖는다. 레미마틴 제품으로는 V. S. O. P, Napoleon, X. O, Extra 그리고 루이 13세는 레미마틴사 제품 가운데 유일한 그랜드 상파뉴의 것으로 루이 왕조를 상징하는 백합 모양의 병에 담아 판매하고 있다.

● 까뮈(Camus)

카뮈 코냑은 1969년 나폴레옹 탄생 2백주년을 기념하여 나폴레옹급 코냑을 생산하면서널리 알려지게 되었다. 그랜드 상파뉴, 프티트 상파뉴, 보르드리 세 지구의 15년 이상 된 원주를 사용하는데, 부드러우면서도 감칠맛이 특징이다. 이 밖에도 V. S. O. P, X. O급 등이 있다.

② 알마냑(Armagnac)

재료 : 청포도 품종인 위니블랑(ugni Blanc)

제조방법 : 포도발효-증류(반 연속식 증류기로 한번증류)-블랙 오크통에 숙성-블렌딩

코냑과 함께 쌍벽을 이루는 알마냑은 보르도의 남서쪽에 위치하고 있다.

이 지역에서 생산되는 포도는 코냑과 같은 청포도 위니 블랑(Ugni Blanc)이 주품종이다. 그러나 알마냑은 제조방법이 코냑과 다르다. 알마냑은 반 연속식 증류기로 한 번 증류하는 데 비해 코냑은 단식 증류기로 두 번 증류한다. 그리고 알마냑은 블랙 오크통, 코냑은 화이트 오크통에 숙성한다. 알마냑은 전통적으로 400~420L 오크통에서 숙성하고, 코냑은 350~400L 오크통에서 숙성한다. 알마냑의 숙성 표기는 코냑에 준하고 있다.

◉ 알마냑의 유명 제품

● 샤보(Chabot)

　　16세기 프랑스와 1세 때에 프랑스 최초의 해군 원수 필립 드 샤보는 긴 항해에 와인이 변질되는 것을 방지하기 위해 증류해서 선적하였다. 그리고 오크통 속에서 세월이 경과할수록 타닌성분과 방향성분이 가미되어 양질의 브랜디가 되는 것을 발견하였다. 이후 알마냑은 전통적인 증류기로 한 번만 증류하여, 블랙 오크통에서 숙성된다. 이에 따라 원주의 주질은 중후하지만, 숙성에 의하여 순한 풍미가 되는 것이 특징이다.

③ 오드비(Eau-de-Vie)

오드비(Eau-de-Vie)는 스피릿으로 주로 과일 브랜디를 의미하며, 대표적인 오드비는 다음과 같다.

- Eau-de-Vie de Cidre(사과 브랜디)
- Eau-de-Vie de Vin(포도 브랜디)
- Eau-de-Vie de Kirsch(체리 브랜디)
- Eau-de-Vie de Poire(배 브랜디)

◉ 오드비의 유명 제품

● 칼바도스(Calvados)

사과를 발효, 증류, 숙성과정을 거쳐 만든 브랜디로 프랑스 노르망디 지방의 특산주이다. 코냑과 함께 A·O·C

법에 의해서 원산지, 양조방법, 명칭 등이 엄격히 규제되어 있다.

기타 지역에서는 오드비 드 시드르(Eau-de-Vie de Cidre)라고 한다.

● 체리 브랜디(Eau-de-Vie de Kirsch)

체리(버찌나무 열매)를 발효, 증류하여 만든 프랑스산 브랜디이다.

● 오드 비 드 마르(Eau-de-Vie de Marc)

프랑스에서 포도로 와인을 만들고 남은 찌꺼기를 재 발효
한 후 증류한 브랜디로서 깔끔한 풍미의 식후주로 널리 알려
져 있다.

이탈리아에는 포도 찌꺼기 브랜디라 불리는 대표적인 그라
파(Grappa)가 있다.

6. 위스키(Whisky)

위스키 재료 & 제조방법

재료 : Grain Whisky : 옥수수, 보리, 귀리/Malt
Whisky : 맥아(보리를 발아, 건조시킨 것)

⊙ 제조방법

● Malt Scotch Whisky

보리-침맥-발아(몰트)-건조(피트)-분쇄-당화-발효-증류(단식2번)-숙성(오크통)-병입

● Grain Scotch Whisky

곡물-분쇄-당화-발효-증류(연속식)-숙성(저장)

● Blended Scotch Whisky

몰트 위스키와 그레인 위스키 블렌딩

위스키는 보리, 호밀, 밀, 옥수수 등을 싹을 내거나 갈아서 발효하여 증류, 숙성시킨 술이다. 대표적인 것은 영국 스코틀랜드의 Scotch Whisky, 미국의 American Whiskey, 캐나다의 Canadian Whisky, 아일랜드의 Irish Whiskey, 일본의 Japanese Whisky가 유명하다.

초창기의 스카치 위스키는 증류액에 불과하였다.

1707년 Scotland를 합병시킨 영국정부는 부족한 재원을 확보하기 위하여 위스키에 고율의 세금을 부과하였다.

그래서 위스키 제조자들은 스코틀랜드 북부지방(Highland)의 산속에 숨어 달빛 아래서 몰래 위스키를 밀조하기 시작하였다.(Moon Shiner)

그러나 몰트를 건조시킬 연료가 부족하여 피트(Peat)를 사용했는데 특유의 향이 발생되었고 이것이 피트의 훈연 때문인 것을 알게 되었다.

그 후 밀조된 술이 많이 누적되어 은폐수단으로 스페인에서 수입해온 Sherry와인을 마시고 난 빈통에 담아 두었다.

당시에는 스페인으로 부터 포도주를 다량 수입했기 때문에 빈통은 쉽게 구할 수 있었다.

나중에 술을 팔기 위하여 술통을 열어보니 투명한 호박색의 짙은 향취와 부드러운 맛의 술이 되어 있었다.

1930년 Coffey씨에 의해 연속증류가 발명되어 가벼운 타입의 그레인 위스키(Grain Whisky : 곡물위스키)가 생산되면서 Malt Whisky(맥아위스키)와 두가지 혼합된 Blended Whisky등 3가지 타입의 스카치가 나오게 되었다.

1880년경 프랑스의 포도밭에 피록세라의 피해가 커져 와인과 브랜디의 생산에 큰 타격을 입었다. 그 때문에 영국은 와인과 브랜디를 수입할 수 없었다. 당시 런던의 상류 계급에서 레드와인이나 브랜디를 주로 애용하고 있었는데 런던시장에 바닥난 브랜디를 대신하여 Blended Whisky가 크게 부상하게 되었다.

최근에는 몰트만을 가지고 단일증류소에서 증류해서 만든 싱글 몰트 위스키 또한 많이 알려지고 있다.

위스키의 분류

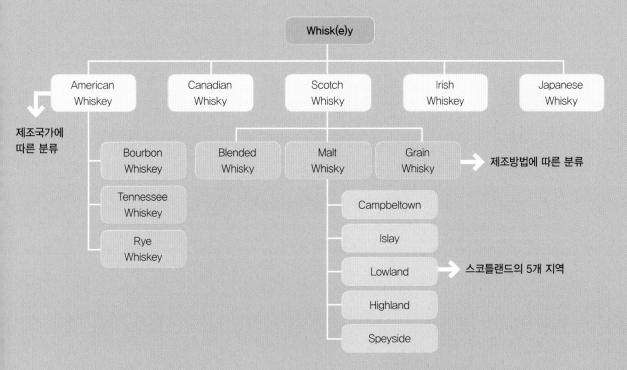

① 산지에 의한 분류

1-1. 스카치 위스키

영국의 스코틀랜드에서 생산되는 Whisky의 총칭이다.
영국에서의 스카치 위스키의 정의를 보면 '스코틀랜드
증류소에서 곡물을 당화, 발효, 증류시켜 3년 이상 숙성
시킨 40도 이상의 원액을 스카치 위스키'라고 한다.

⊙ 스카치 위스키의 법에 따른 스카치 위스키의 5가지 분류

　① 싱글 몰트 스카치 위스키

단일증류소에서 물과 몰트(보리를 발아, 건조시킨 것)만을 가지고 단식증류기
를 사용해 생산된 위스키

② 싱글그레인 스카치 위스키

단일증류소에서 물과 몰트, 그리고 그 외 곡류와 발아시키지 않은 보리를 가지고 만든 위스키를 말하는데 이때 대부분 연속식 증류기를 사용하고 있다.

③ 블렌디드몰트 스카치 위스키

최소 2곳 이상의 증류소에서 생산된 몰트 위스키를 혼합해 만든 위스키

④ 블렌디드그레인 스카치 위스키

최소 2곳 이상의 증류소에서 생산된 그레인위스키를 혼합해 만든 위스키

⑤ 블렌디드 스카치 위스키

스카치 몰트위스키와 그레인위스키를 혼합해 만든 위스키

Scotch라고 해도 Scotch Whisky를 뜻하며 Scotland에서는 Scotch 대신 Scots라고 표기하기도 한다. 1952년 영국에서 발령된 관세와 면허세법에 의하면 보리싹(맥아 Malted Bareley)의 Diastase(전분당화효소)에 의해 당화된 곡류의 거르지 않은 술로서 스코틀랜드 내에서 증류하여 최소한 3년 동안 통에 저장 숙성시킨 위스키에 한하여 Scotch Whisky라고 한다.

⊙ 스카치 위스키의 품질과 특징의 주요 요인 2가지

① 오크통 내부의 그을림 정도

구분	유럽산 오크통(European Oak)	미국산 오크통(American White Oak)
오크통 내부	그을림(Toasted)	태움(Charred)
위스키 색상	진한 갈색 계열	맑은 황금색
풍미	건조한 과일, 성냥 황 냄새, 타닌, 와인 향	바닐라, 단맛, 코코넛, 토피, 캐러멜
원산지	대부분 스페인 북부 갈리사아에서 생산	미국 캘리포니아 북부 오작 산맥에서 생산

① 숙성기간

위스키를 무조건 오래 숙성시키는 게 좋은 것은 아니다. 오크통에서 숙성 시 최

상의 상태라 되었을 때를 정확히 판단하여 블렌딩 또는 병입을 하는 것이 좋다.

오크통의 상태, 오크통의 크기, 위스키 생산자들이 원하는 상태를 파악하는 것이 중요하다.

⊙ 오크통 이야기

1. 위스키를 숙성시키는 오크통은 반드시 떡갈나무나 참나무 계열을 사용해야한다.

2. 미국의 버번 위스키의 경우 법적으로 새 오크통만을 사용해야 하며, 반대로 위스키 제조업자들은 새 오크통이 지닌 지나치게 강한 나무의 풍미를 피하기를 원한다. 따라서 위스키 생산자들은 미국에서 버번 위스키를 숙성시켰던 버번통과 스페인에서 셰리와인을 숙성시켰던 셰리통을 수입하여 사용하고 있다. 최근에는 스페인 셰리와인의 수요가 감소하면서 셰리를 숙성했던 통의 공급이 급격히 부족하여 스카치 위스키 생산자들이 오크통을 셰리와인 생산자에게 공급을 하고 셰리와인을 담았다가 돌려받기까지 하고 있다.

3. 스카치 위스키를 숙성시킬 때 주로 사용하는 오크통은 500리터 크기의 버트(Butt), 250리터 크기의 혹스헤드(Hogsheads), 200리터 크기의 배럴(American Standard Barrel)이 가장 많이 사용된다.

4. 오크통은 셀룰로오스 합성 섬유소(Cellulose), 색과 단맛을 더해주는 단당류 탄수화물(Hemicellulose), 복합성과 바닐라 향을 증가시켜주는 목질소(Lignin), 그리고 수렴성, 방향성과 섬세함을 더해주는 타닌(Tannin)등의 복합적인 화학성분이 뒤얽힌 복삽한 구조로 되어 있기 때문에 위스키와 브랜디 같은 숙성주를 숙성시키는 데 가장 적합하다.

⊙ 피트(Peat) 이야기

1. 피트는 맥아를 건조할 때 원료로 사용하여 몰트 위스키에 뚜렷한 풍미를 제공하여 증류소마다 독특한 풍미의 위스키를 생산할 수 있도록 해준다. 피트를 어느 정도 사용하는 지, 건조기간 동안 피트를 어느정도 노출시키는지에 따라 몰트 위스키에 영향을 준다. 건조 시 피트 함유량에 따라 바디감이 가벼운 스타일부터 묵직한 스타일까지 결정된다.

2. 맥아의 피트 함유량에 따른 몰트

- Non-Peated Malts/0 PPM : 건조과정 중 전혀 이탄을 사용하지 않은 맥아로
  제조한 위스키로서 글렌 엘긴이 대표적
- Light Peated Malts/1~5 PPM : 대부분 일반적인 몰트 위스키로 가벼운 스타
  일의 몰트 위스키
- Medium Peated Malts/10~20 PPM : 중간 스타일의 몰트 위스키로 주로 스
  코틀랜드 해안 지역 중 스카이(Skye)섬 등의 탈리스커(Talisker) 등
- Heavy Peated Malts/35~50 PPM : 주로 아일레이(Islay)섬 지역의 묵직한 스
  타일의 몰트 위스키, 쿨일라(Caol ila), 라가불린(Lagavulin), 포트 엘렌(Port
  Ellen) 등

⊙ 스카치 위스키(Scotch Ehisky) 지역별 특징 및 대표 위스키

● **스페이사이드(Speyside)**

- 대표 위스키 : 맥캘란, 글렌피딕, 발베니, 글렌리벳, 글렌파클라스, 벤리악, 크래겐모어, 글렌엘긴, 글렌그란트, 아벨아워, 벤리악, 벤로막
- 스코틀랜드 내 가장 많은 증류소가 위치해 있으며, 전반적으로 부드럽고 순하고 피트향이 적은 위스키를 생산하는 지역
- 가벼운 바디감, 과일 향이 강하고, 꽃 향기와 달콤함이 특징

● **하이랜드(Highland)**

- 대표 위스키 : 글렌모렌지(오리지널, 라산타, 퀸타루반, 넥타도르, 시그넷), 오반, 달위니, 싱글톤, 글렌로낙, 달모어, 토마틴
- 가장 넓은 지역을 포함하고 있으며, 매우 다양한 스타일의 위스키가 생산되는 지역
- 약간의 피트(Peat)맛, 안정감 있는 드라이함이 특징
- 바다와 가까운 지역에서는 해양성의 특징
- 스페이사이드에 가까운 지역은 풍부한 과일향의 특징

● **로우랜드(Lowland)**

- 대표 위스키 : 오큰토샨, 글렌킨치
- 하이랜드의 훈향과 반대로 매우 부드럽고 맛과 향이 가벼운 풍미를 지님
- 몰트 건조 시 이탄이 아닌 석탄을 사용하여 부드러운 향이 특징

● **아일레이(Islay)**

- 대표 위스키 : 아드벡, 라가불린, 라프로익, 브룩라딕, 부나하벤, 쿨일라, 보모어, 포트엘렌
- 스페이사이드와 반대로 드라이하며, 강한 피트향과 스모키향, 훈제 향을 지님
- 해초류, 요오드이 향, 병원 소독약 내음, 갯 내음의 특징을 지님
- 평야 기재가 이탄(피트)층으로 뒤덮여 있어서 몰팅(Malting)과 증류과정에 피트를 주로 사용

● **캠벨타운(Campbeltown)**

• 대표 위스키 : 스프링뱅크, 글렌스코티아, 글렌가일

• 강한 풍미의 풀 바디의 성격을 지님

• 짭짤한 바다 맛, 전형적으로 무겁고 강한 풍미

• 과거 30개 이상에서 현재 3개의 증류소가 남아 있음

● **아일랜드(Islands)**

• 대표 위스키 : 탈리스커, 아란(소테른 캐스크, 아마로네 캐스크), 하이랜드 파크, 주라

• 스카이섬(SKYE), 아란섬(ARRAN), 뮬섬(MULL), 오크니섬(ORKNEY), 주라섬(JURA)을 포함하고 있는 지역

• 섬마다 특성을 지녀서 하나의 성격으로 규정하기는 어려움

• 스카이섬의 탈리스커의 경우 폭발적인 스모키와 후추향이 특징

● **블렌디드 위스키**

발렌타인, 조니워커, 로얄살루트, 시바스리갈, 딤플, 듀어스

1-2. 아메리칸 위스키

미국에서 생산되는 위스키의 총칭이다. American Whiskey 하면 보통 Rye Whiskey 를 가리키는 것이다. 1795년 제이콥 빔(Jacob Beam)이 켄터키주의 버번지방에서 옥수수로 위스키를 만들었다. 이것이 Bourbon Whiskey 의 시작이다.

옥수수(51%~80%)를 써서 만든 Bourbon Whiskey와 Rye(호밀)를 원료로 사용하여 만든 Rye Whiskey가 있다.

(1) Straight Whiskey

① Bourbon Whiskey

- 옥수수 51% 이상 사용
- Charred Oak cask에서 2년 이상 숙성
- 반드시 새 아메리칸 오크통에서 숙성
- 40도 이상 80도 이하로 증류
- 전체 생산량의 80%가 Kentucky에서 생산

② Rye Whiskey

- 51% 이상의 호밀을 사용, 80도 이하로 증류
- Charred Oak cask에서 2년 이상 숙성

③ Corn Whiskey

- 80% 이상 옥수수 사용
- 보통 재사용되는 그을린 오크통 또는 오크통 내부를 태우지 않은 새 오크통에서 숙성
- 버번위스키 보다 상대적으로 부드러운 풍미를 지님

④ Tennessee Whiskey

- 버번과 같으나 증류한 후에 사탕 단풍 나무숯으로 여과하여 저장, 숙성

⑤ Bottled in Bond Whiskey

- 정부에서 품질을 보증하는 것은 아니지만 정부의 감독 하에 생산된 버번이나 라이 위스키로서 보세창고에서 병입한다.
- 적어도 4년 이상 저장해야 하며, 100 proof로 병입을 한다.

(2) Blended Whiskey

- 한 가지 이상의 스트레이트 위스키와 중성 곡류주정을 섞은 것을 말한다.
- 최소 20% 이상의 스트레이트 위스키를 함유하여야 한다.

⊙ 아메리칸 위스키(American Whiskey)의 유명 상표

① Bourbon

- Wild Turkey, Makers Mark,, Knob creek, Bulleit, Jim Beam,
- I. W. Harper, Evan Williams, Early Times, Ten High,
- Old Grand Dad, Old Taylor,

② Rye

- Wild Turkey, Bulleit, Knob creek, Jim Beam, Four Rose 등

③ Tennessee Whiskey

- Jack Daniel's, Gentleman Jack, George Dickel 등

1-3. 아이리쉬 위스키

영국의 아일랜드에서 생산되는 위스키의 총칭이다. 아메리칸 위스키와 더불어 아이리시 위스키는 위스키에 대한 자부심의 표시로 'e'사를 덧붙여 Whiskey로 표기하는

것이 상례이다. Irish Whiskey는 맥아 외에 옥수수, 밀 귀리 등 여러 가지 곡류를 사용하므로 Grain Whiskey로 분류되나, 특징으로는 Pot Still을 사용하여 증류한다. 참나무통에서 숙성할 때에는 최소한 4년 이상 7년 혹은 그 이상을 묵혀서, Grain Whiskey와 혼합하며 43도(86 ProoF)로 희석하여 출고한다.

⊙ 아이리쉬 위스키(Irish Whiskey)의 유명 상표

● **John Jameson, Old Bushmills, Jameson, John Power Irish 등이 있다.**

1-4. 캐나디안 위스키

캐나다에서 생산되는 위스키를 총칭한다. 광대한 지역에서 보리, 호밀 등 모든 곡류가 재배되므로 생산량이 많다. 미국산 위스키보다 호밀(Rye)의 사용량이 많은 것이 특징이며 Straight Whisky는 법으로 금지되어 Blended Whisky만 생산하며 4년 이상의 저장기간을 규제하고 수출품은 6년 정도 저장한다. 다른 어떤 나라보다 정부의 통제가 엄격하다.

미국의 독립전쟁이 일어나자 캐나다로 이주하는 이민이 늘어나고 이에 따라 제분업이 번창하고 차츰 증류소가 발전하게 되었다. 1850년대 씨그램사와 하이럼 워커사가 등장하여 본격적인 위스키 산업이 시작되었다. 1920년 미국의 금주법 시행으로 급속한 발전을 하게 되었다.

⊙ 분류
  • Corn Whisky : 옥수수를 원료로 한 원액(base)을 3년숙성
  • Rye Whisky : 호밀을 원료로 사용한 것으로 강한 향미를 지니고 있다.(3년 숙성)
  • Corn Whisky와 Rye Whisky원액을 혼합(Blending)하여 최종의 Canadian Whisky가 된다.

⊙ 캐나디안 위스키(Canadian Whisky)의 유명 상표

- Canadin Club(C.C), 12yrs, 20yrs

- Seagram's V.O, Crown Royal, Load Calvert

1-5. 재패니스 위스키

일본에서 생산되는 위스키를 총칭한다. 일본은 세계 5대 위스키 국가 중 하나이다.

일본위스키는 다음과 같은 타입으로 구성되어 있다.

1. 블렌디드 재패니스 위스키 & 블렌디드 몰트 재패니스 위스키

2. 싱글 몰트 재패니스 위스키

⊙ 재패니스 위스키(Japanese Whisky)의 유명 상표

● 블렌디드 몰트 위스키 : 다께스루 17yrs, 21yrs/히비키 17yrs

● 싱글 몰트 위스키 : 야마자키 12yrs, 18yrs, 25yrs/산토리 하쿠슈
12yrs, 18yrs

② 증류에 의한 분류

● 단식 증류 위스키(Pot Still)
: 고급 위스키와 브랜디 및 고급 증류주 제조 시 주로 활용

재래식 단식 증류기 사용/몰트스카치 위스키와 아이리쉬 위스키의 증류에 활용/향이 손실을 최소화/연속식 증류법에 비하여 많은 소요시간과 적은 생산량

● 연속식 증류 위스키(Patent Still)
: 대중적인 위스키 및 증류주 제조 시 주로 활용

근대식 증류기/아메리칸 위스키와 캐나디안 위스키의 증류에 활용/
높은 초기 투자비용/많은 향의 손실/향이 가벼워지며 순수 알코올에 가까워짐

③ 원료 및 제조법에 대한 분류

● **몰트 위스키(Malt Whisky) : Malt만 사용/Peat 사용/Pot Still 사용**

발아시킨 보리인 맥아(Malt)만을 원료로 사용/맥아 건조 시 Peat를 사용/Pot Still로 증류

● **그레인 위스키(Grain Whisky)**
  : 곡물 사용/Peat 사용하지 않음/Patent Still 사용

발아시키지 않은 보리, 호밀, 옥수수 등의 곡물을 분쇄한 보리 맥아(Malt)로 당화시켜 발효한 후에 Patent Still(연속식 증류기)로 증류한 위스키를 말하며, 피트향이 거의 없어서 부드럽고 순한 맛이 특징이다.

● **블렌디드 위스키(Blended whisky) : 몰트 위스키+그레인 위스키**

Malt Whisky에 Grain Whisky를 적당히 Blend한 것/몰트 위스키의 강한 향 미를 보다 부드럽게 만든 위스키이다. 우리가 마시고 있는 거의 대부분이 이 Blended Whisky이다.

● **버번 위스키(Bourbon Whiskey)**
  : 옥수수 51% 이상 사용/Patent Still 사용

Bourbon이란 미국 켄터키주 동북부의 지명 이름으로 이 지방에서 생산되며 원료로 옥수수를 51% 이상 사용한다. 이것에 Rye 와 Malt(맥아) 등을 혼합하여 당화 발효시켜 Patent Still 로 증류한다. 사용하지 않은 새로운 Oak barrel 의 안쪽을 그을린 것에 넣어 4년 이상 숙성시키는 것이 특색이다.

● **콘 위스키(Corn Whiskey)**
  : 옥수수 비율 80% 이상 사용/착색되지 않음

미국 남부에서 생산되며 전체 원료 중 옥수수의 비율이 80% 이상의 것, Corn Whisky는 그을리지 않은 한 번 사용한 통을 재사용하며 착색되지 않은 것이다.

● **라이 위스키(Rye Whiskey) : 호밀이 주원료**

제조법은 Bourbon Whisky와 거의 같으나 Rye를 주원료로 66% 이상 사용 하는 위스키로 미국이 주산지이다. 보통 상표에 "Rye Blended Whisky"라고

쓰여 있는 것은 Rye Whisky와는 의미가 약간 다르며 최저 51%의 Rye Whisky와 다른 중성 알코올을 블렌딩한 것이다.

7. 리큐어(Liqueur)

리큐어(Liqueur)는 증류주(Spitits)에 과실, 과즙, 약초 등을 넣어서 당분(설탕)이나 그 외 다른 감미료나 착색료 등을 첨가하여 만든 알코올성 음료이다. 프랑스 및 유럽에서는 리큐어(Liqueur)라고 하며 미국에서는 코디얼(Cordial)이라고 하며, 화려한 색채와 더불어 특이한 향을 지닌 이 술을 일명 '액체의 보석'이라고 한다.

원래 약으로 사용되는 술로 약초를 알코올에 담가 보관하며 보존 효과가 좋아지는 것에 착안하여 개발되기 시작하였다. 스카치 위스키나 꼬냑 등의 오래된 술을 베이스로 하여 여러 재료들을 첨가하여 설탕을 넣어 만드는 음료이다. 단일품으로 마시기도 하나 현재에는 각 특징을 살려 조화를 구성하는 주요 칵테일의 재료 중의 하나이다.

7-1. 리큐어(Liqueur) 제조방법

1) 증류법

식물의 씨, 잎, 뿌리, 껍질 등을 강한 주정에 담갔다가 풍미를 우려낸 후 재증류하여 주정을 생산하고, 이 주정에 감미와 색을 추가하여 생산하는 방식이다.

2) 침출법

과일, 꽃, 씨앗, 뿌리, 양초 등의 향미 성분을 침출(우려내기) 위해서 증류주를 가해 향미성분을 용해시킨 후 여과하여 생산하는 방식이다.

3) 에센스법

주정에 천연 또는 합성의 향료를 배합하여 여과한 후 당분을 첨가하여 생산하는 방식이다.

7-2. 리큐어(Liqueur)의 종류

1) 과실계

(1) 오렌지류

● **트리플 섹(Triple sec)**

미국에서 생산되는 트리플 섹은 프랑스에서 생산되는 꼬엥뜨로, 네덜란드의 화이트 큐라소와 동일한 성격의 제품이다. 칵테일에 매우 자주 쓰이는 제품 중 하나이다.

● **꼬엥뜨로(Cointreau)**

오렌지 향과 맛이 좋은 술로서 화이트 큐라소 중에서도 고급품으로 알려져 있으며 스피릿에 비터 오렌지와 스위트 오렌지의 껍질을 주원료로 하여 만들었다.

● **큐라소(Curacao)**

오렌지로 만든 대표적인 오렌지 리큐어로서 일반적으로 오렌지의 껍질을 주원료로 하여 만들었으며 신선한 과일 향이 풍부한 것이 특징이다. 화이트 큐라소, 블루 큐라소, 그린 큐라소, 레드 큐라소, 오렌지 큐라소의 다섯 가지가 만들어지고 있다.

● 그랑 마니에(Grand Marnier)

　오렌지 큐라소의 대표적인 상표로 3~4년 된 꼬냑에 오렌지를 넣어 오크통에 저장 숙성하여 단맛이 나게 한 리큐어이다.

(2) 베리류

● 슬로우 진(Sloe Gin)

　새콤달콤한 야생자두의 맛이 있는 술로서 드라이진에 유럽에서 자라는 야생자두와 당분을 함께 침지하여 만든 리큐어이다.

● 샴보드(Chambord)

　꼬냑에 라즈베리와 블랙 라즈베리, 마다가스카르 바닐라, 감귤 껍질, 꿀을 재료로 한다.

● 크렘 드 카시스(Creme de Cassis)

　영어로는 Black Currant Brandy(구스베리, 포도의 일종)라고도 한다. 약간 산미가 있고 훌륭한 소화촉진 효과가 있는 식후주로서 프랑스 부르고뉴 지방의 디종시가 본고장이다.

(3) 체리류

● 체리 브랜디(Cherry Brandy)

　체리 맛이 강한 술로서 브랜디에 체리를 주원료로 하여 시나몬, 클로브 등과 당분을 함께 침지한 후 여과하여 숙성시켜 만든 리큐어이다.

● 마라스키노(Maraschino)

체리 리큐어 중 가장 손꼽히는 야생버찌(Wild Cherry)인 마라스카 (marasca)를 씨와 함께 분쇄하여 발효시킨 후 증류하여 만든 리큐어로 서 체리브랜디와는 달리 무색투명하다. 숙성 이후 설탕, 꽃 추출물, 허브 를 첨가하여 드라이하고 복잡한 풍미를 지니며, 깊은 과일맛과 함께 쓰 고 달콤하다.

(4) 살구

● 에프리코트 브랜디(Apricot Brandy)

알코올이 강한 증류주에 살구와 기타 향료 그리고 당분을 넣어 만든 살구향이 강한 담콤한 리큐어이다.

(5) 기타 과실계

● 크렘 드 바나나(Creme de banana)

바나나 맛이 있는 술로서 스피리트에 신선한 바나나, 당분을 첨가하여 만든 리큐어이다.

● 피치 리큐어(Peach Liqueur)

복숭아 향과 맛이 강한 술로서 스피릿에 복숭아 당분을 함께 침지하 여 만든 리큐어이다. 복숭아로 만든 리큐어 전체의 의미하여 크렘 드 피 치라는 이름으로 판매되는 상품도 있다.

● 멜론 리큐어(Melon Liqueur)

멜론이 주로 재배되는 곳은 아프리카, 중동 아시아, 중국 등이다. 유럽에서 식후에 디저트로 많이 먹는 머스크멜론 을 사용하여 스피릿에 멜론, 당분을 함께 침지하여 만든다.

● 말리부(Malibu)

근래에 만들어진 리큐어로서 자마이카산의 라이트 럼에 카리브해 지역에서 생산되는 코코넛과 당분을 넣어 만든 무색투명한 리큐어이다.

● 캄파리 비터(Campari Bitters)

이탈리아의 가스파렛 캄파리에 의하여 만들어진 이탈리아를 대표하는 리큐어 중의 하나이다. 비터 오렌지의 껍질을 주 원료로 하여 코리앤더의 씨앗과 캐러웨이의 씨앗 등을 사용했으며 쓴맛이 강하기 때문에 입맛을 돋우기 위하여 많이 마신다.

● 포아르 윌리암(Poire Williams)

포아르 윌리암은 서양배로 만든 브랜디로 부드럽고, 상쾌한 향미를 지니고 있다. 잘 익은 배 한쪽을 병 속에 넣은 것도 있으며, 일정기간 통숙성한 제품도 있다.

● 힙노틱(HPNOTIQ)

프랑스 꼬냑 지방에서 3번의 증류 과정을 거친 프리미엄급 코냑과 보드카, 열대 과일주스를 주원료로 만든 과실계 리큐어이다.

푸른 바다 빛 색상에 달콤하고 부드러운 맛이 특징이며, 우아한 핑크 컬러의 '힙노틱 하모니'는 신선한 베리와 꽃 에센스가 첨가푸른 바다 빛을 띠는 화려한 색상과 달콤하고 부드러운 맛이 특징이며, 알코올 도수는 17%다

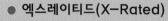

● 엑스레이티드(X-Rated)

프리미엄 프렌치 보드카 베이스에 시칠리아산 붉은 오렌지와 망고, 패션 후르츠 등의 열대과일이 어우러져 달콤한 과일향과 상큼함이 매력적인 리큐르다.

2) 벌꿀류

● 드람뷔이(Drambuie)

스코틀랜드의 유명한 술인 스카치 위스키를 기본으로 하여 자연 꿀, 샤프론, 아니스와 각종 허브를 배합하여 단맛을 나게 한 리큐어이다.

● 아이리쉬 미스트(Irish Mist)

아일랜드에서 생산되는 대표적인 리큐어로 아이리쉬 위스키에 10여 종류의 향료와 히드의 꽃에서 얻은 꿀을 섞어서 만든 리큐어이다.

3) 약초, 향초류(spice, herb)

● 압생트(Absinthe)

아니스 열매와 감초 그리고 쑥 등의 약초와 향료를 원료로 배합하여 만든 리큐어이다.

인퓨전으로 만든 압생트 허브의 추출물, 레몬밤, 민트 스파이스, 사탕수수와 스피릿의 재료로 생산한다. 브랜디나 스피릿에 여러 가지 약초와 향료를 넣고 침지한 후 이것을 다시 증류하여 당분을 첨가하여 만든 리큐어이다.

● 아니세트(Anisette) : 감초보다 약간 달고 상쾌한 맛

스피릿에 아니스 씨앗을 주성분으로 넛멕, 캐러웨이, 레몬껍질, 시나몬, 코리앤더 등과 함께 당분을 넣어 만든 리큐어이다. 아니스 향이 나는 리큐어 중에서 가장 달고 알코올은 25%로 가장 낮다. 압생트 대용품으로도 사용가능하고 화이트 압생트라고도 부른다.

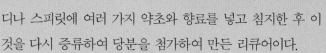

● 리카(Ricard)

감초보다 약간 더 달콤한 향신료인 아니스(Anse)와 감초를 주재료로 하여 물, 스피릿을 이용해 만든 리큐어이다.

● 페르노(Pernod)

아니스를 기본으로 향초, 쑥, 회향풀, 멜리사 꿀풀 등 15 종류의 향료를 사용하여 구리증류기에서 증류해 만든 41% 리큐어이다.

● 삼부카(Sambuca)

이탈리아산으로 아니스 열매에 팔각 열매와 같은 여러 종류의 씨로 만들어 맛과 향이 강한 것이 특징이다. 흔히 삼부카를 제공할 때는 건강, 부자, 행운을 기원하는 의미에서 커피원두를 3개 띄워서 제공한다.

● 쿰멜(Kummel)

쿰멜은 독일어이며 영어로는 Caraway(회향품의 일종)라고 한다. 스피릿에 캐러웨이를 주원료로 하여 코리앤더, 퀴민 등과 당분을 첨가하여 만든 리큐어이다.

● 베네딕틴(Benedictine)

프랑스 베네딕트 수도원에서 사용되는 미사주이다. 중성 주정에 쥬니퍼베리, 시나몬, 클럽, 넛멕, 바닐라 등 많은 종류의 약초와 향초를 주원료로 하여 꿀과 함께 침지한 후 증류하여 통에 숙성하여 만든 리큐어이다. 병 상표에 있는 D.O.M이란 D대 Optimo Macimo의 약자로 "최대 최선의 신에게"란 뜻이다.

● 샤르뜨뢰즈(chartreuse)

프랑스에서 만든 세계적으로 유명한 최고급품의 리큐어이다. 샤르뜨뢰즈 수도원에서 만들어지던 것이 민간 기업으로 이양되면서 대중화되었다. 제조방법은 공개되어 있지 않으나 스피릿에 약 130여 종의 약초와 함께 당분을 넣어 만든다.

● 크림 드 멘트(Creme de Menthe)

중성 주정에 박하 잎에서 추출한 박하 오일과 당분을 함께 넣어서 만든 리큐어이다. 무색 투명한 화이트와 녹색의 그린 두 가지 제품이 생산되고 있다. 화이트는 맛을 내는데 주로 사용하고 그린은 색깔을 내는데 주로 사용한다.

● 갈리아노(Galliano)

이탈리아의 전쟁 영웅인 장군 이름은 딴 리큐어로 스피릿에 약초와 향초, 바닐라, 당분을 첨가하여 만들었다. 약초의 쓴맛과 향 그리고 바닐라 맛의 조화가 잘 이루어져 있다.

● 파르펫 아무르(Parfait Amour)

바이올렛과 제비꽃을 원료로 한 허브리큐어로서 제비꽃의 색(보라색)과 향을 가진 리큐어이며 스피릿에 아몬드, 장미, 바닐라 등과 당분을 첨가하여 만든다. 크렘 드 이벳, 크렘 드 바이올렛 등과 같은 종류의 리큐어이다.

● 아페롤(Aperol)

비터오렌지, 용담, 대황 등이 주요 성분이며 알코올, 설탕 등을 첨가해서 만든 리큐어이다.

달콤한 감귤향, 루바브향, 향긋한 허브의 쓴쓸한 맛의 조화가 특징이다.

4) 종자류(種子)

● 크림 드 카카오(Creme de Cacao)

초콜렛 맛이 나는 리큐어로 카카오 콩을 스피르츠와

함께 침지한 후 증류하여 당분과 바닐라 향을 첨가하여 만든다. 화이트 카카오, 브라운 카카오의 두 종류가 생산 판매되고 있고 브라운은 착색하여 만들었다.

● 디사론노(Disaronno)

살구씨 오일과 허브 그리고 당분을 넣어 만든 리큐어로서 아몬드 풍미가 특징이다.

● 칼루아(Kahlua)

멕시코에서 생산되는 대표적인 커피 리큐어이며 주정에 멕시코산 커피와 당분을 넣어 만든 리큐어이다.

● 티아 마리아(Tia Maria)

커피 리큐어의 최고급품으로 럼에다 세계최고의 커피인 쟈마이카산 블루 마운틴 커피를 주원료로 하여 단맛이 나게 한 리큐어이다.

● 일리큐어(ILLYQUORE)

원두커피로 유명한 '일리'의 100% 아라비카 원두를 로스팅하여 만들어지며, 추가적인 향료나 색소가 포함되지 않아 커피 본연의 향과 섬세한 알코올간의 조화가 특징이다.여기에 초콜렛과 아라비카 원두향이 은은하게 퍼지며, 부드러우면서도 달콤한 맛과 드라이한 맛을 지녔다.

● 프란젤리코(Frangelico)

이탈리아의 북부 피에몬테 지역에서 생산하는 헤이즐넛 리큐어로서 천연 야생 헤이즐넛을 구운 후 으깨서 주정과 함께 증류하여 만들었으며 코코아, 바닐라, 천연허브 추출물, 설탕 등을 사용하여 만든 리큐어이다. 매우 풍부한 향과 달달한 맛이 특징이다.

참고로, 프란젤리코의 병 모양은 수도사 프라 안젤리코를 의미하고, 병의 디자인은 수도복을 형상화하였다. 병의 허리에 수도복의 벨트가 묶여있으며 이는 프란젤리코의 역사를 상징한다.

● **아마레또(Amaretto)**

아몬드 향이 강한 리큐어이지만 아몬드는 일체 사용하지 않고 살구 핵을 물에 침지, 증류하여 스피리트, 당분을 첨가하여 만들었다.

5) 크림류(Cream)

● **베일리스(Baileys Original Irish Cream)**

아이리시 위스키, 신선한 크림, 벨리움 초콜릿을 혼합하여 만든 아일 랜드산 리큐어로서

아이리시 위스키에 크림과 카카오의 맛을 곁들인 것으로 스트레이트 또는 온더 락 스타일로 즐겨 마신다.

8. 전통주(Traditional Korean Folk Liquor)

8-1. 술의 어원

술의 본래 단어는 '수블' 또는 '수불'이었다.
문헌을 통해 알 수 있는 것은 '술'의 원형은 한 사인 수블 〉 수을(1447년) 〉 술(조신중기)로 변천 되었음을 알 수 있다.

8-2. 전통주의 역사

우리나라의 문헌 중 술 이야기가 최초로 등장하는 것은 주몽왕의 일대기를 대 서사시로 엮은 시였던 '동명왕편'이다. 고구려의 건국설화로 하늘의 신인 주몽의 아버지인 해모수가 물의 신인 주몽의 어머니인 유화부인을 술에 취하게 한 후 주 몽을 잉태하였다는 이야기에서 술이 언급이 된다.

이후에 고구려 시대에 '삼국지', '위지 동이전'에 고구려와 관련된 기록 중에 '고 구려 사람들은 술(발효식품)을 잘 만든다'라는 내용이 담겨 있다.

백제 시대에는 양조 기술도 발달되었을 것으로 여겨진다. 삼국사기에서 왕이 소곡주를 마셨다는 이야기가 있으며, 술 거르는 이였던 수수보리란 사람이 누룩을 사용해서 술을 빚는 새로운 법을 가르쳤다는 이야기도 있다.

신라 시대에는 1614년 중국에 사신을 보내 본 것을 기록해 편찬한 '지봉유설'에서 "한 잔 신라주의 기운이 새벽바람에 사라질까 두렵구나"라는 문구와 '해동역사'에 "고려주란 신라주다"라는 기록이 있다.

고려시대 후기에는 원나라의 침략 이후 몽골의 문화가 유입되면서 소줏고리의 이용방법이 도입되었고, 증류주 제조기술이 도입되었으며, 이로서 고려 후기에 청주, 탁주, 증류주의 3대 주종이 성립되었다. 이 시기에는 절에서 술을 제조하였고, 승려들에 의해 술 제조기술이 발달하였던 시기이다.

조선시대의 술의 특징으로는 가양주문화, 절기주, 기능성(약리성)이라는 특징을 지닌 시대이다. 또한, 발효주와 증류주를 혼합하여 만든 과하주(여름이 지나도 상하지 않는다는 의미)가 만들어 졌으며, 1670년 한글로 된 최초의 양조법 책인 '음식디미방'과 같은 훌륭한 양조 고서들이 많이 있었다.

일제 강점기 ~ 현재까지의 주요 변천사

- 1909년 조선총독부의 주세법 제정 공포
- 1934년 : 주세가 국가 조세의 약 30% 차지 : 자가용면허 폐지(가양주 말살), 28만개의 개인 양조장이 없어지고, 대규모 양조장 위주로만 남았다, 이는 결국 주세를 보다 쉽게 걷기 위해서임
- 1945년 : 광복 후 일제강점기 주세법 유지
- 1965년 : 양곡관리법에 의해 술 제조에 쌀 사용을 금지(식용으로도 부족하였기 때문에) 밀가루 및 기타 곡물로 만든 막걸리 제조
- 1970년대 : 농사의 규모가 작아지고 제조업이 성장하면서 막걸리시장은 작아지고, 맥주시장이 성장함
- 1971년 : 전 주류에 종가세 적용
- 1980년대 : 서울아시안게임, 서울올림픽 대비하여 민속주, 관광토속주 지정(서울 삼해주, 경기문배주, 경주법주, 안동소주 등)
- 1990년 : 막걸리 원료로 쌀 사용이 허용(쌀이 다시 여유가 생기면서)
- 1995년 : 자가양조(가양주)허용, 가양주 문화 살아남

• 2016년 : 소규모 주류제조 허용(맥주뿐 아니라 막걸리, 약주, 청주까지)

8-3. 전통주의 분류

전통주는 기본적으로 주세법을 바탕으로 하되 ' 전통주 등의 산업진흥에 관한 법률'을 따르고 있다. 일반적으로 전통주는 탁주, 약주, 청주, 과실주, 증류식 소주, 일반증류주, 리큐어, 기타주류로 구분한다. 이 중 몇 가지만 간략하게 살펴보면 다음과 같다.

1) 탁주

탁주란 맑은 술인 청주의 반대말이다. 발아시킨 곡물을 제외한 녹말을 포함한 재료로 만든 덧술을 여과없이 만들어 낸 술이다. 참고로, 막걸리는 탁한 탁주를 거를 때 물을 섞어가며 대충 거른 술을 의미한다. 막걸리에서 '막'이란 부사의 의미이다.(대충, 체계적이지 않은)

2) 약주

곡물에 몸에 좋은 약재를 넣어 발효시킨 맑은 술이다. 발아시킨 곡물을 제외한 녹말을 포함한 재료로 만든 덧술을 여과해서 만들어 낸 술이다.

3) 청주

청주는 탁주와 비교되는 '맑은 술'을 뜻하는 말이다. 쌀, 찹쌀을 발효시켜 만든 덧술을 여과해서 만든 맑은 술(사케, 백화수복 등) 참고로, 법주란 '법대로 해서 제조한 술'을 의미하며 청주를 높여 부르는 의미도 된다. 정종은 술의 종류나 스타일도 아니고, 단순 상표명이다.

4) 증류식 소주

녹말이 포함된 재료를 발효시켜 연속식 증류 외의 방법으로 증류한 것으로서 자작나무 숯으로 여과한 것은 제외한다.

8-4. 전통주 진흥법상 구분

1) 문화재주

'무형문화재 보전 및 진흥에 관한 법률'에 따라 인정된 국가무형문화재 보유자, 시·도 무형문화재 보유자가 제조하는 주류

대표 : 문배주, 계명주, 청명주, 면천 두견주, 한산소곡주, 계룡 백일주, 솔송주, 교동법주, 송화백일주, 안동소주(조옥화) 등

2) 명인주

'식품산업진흥법'에 따라 지정된 주류부분의 식품명인이 제조하는 주류

대표 : 송화백일주(조영귀), 금산인삼주(김창수), 안동소주(박재서), 이강주(조정형), 구기주(임영순), 과하주(송강호), 추성주(양대수), 감홍로(이기숙), 죽력고(송명섭) 등

3) 지역 특산주

'농업·농촌 및 식품산업 기본법' '수산업·어촌 발전 기본법'에 따른 농업경영체, 어업경영체 및 생산자단체가 인접 특별자치시 또는 시·군·구에서 생산된 농산물을 주된 원료로 하여 제조하는 주류 중 농림축산식품부장관의 제조면허 추천을 받은 주류이다. 소규모 자본을 다진 농산물생산자 등이 쉽게 주류 산업체 참여하는 통로를 만들어주어 지역농산물 사용을 활성화하기 위함이다. 지역전통주 면허가 문화재주, 명인주에 비해 전통주 전체면허의 87%를 차지할 정도로 큰 부분을 차지하고 있다.

8-5. 전통주의 종류

1) 감홍로

재료 : 대나무, 솔잎, 죽엽, 생강, 계피, 석창포 등

이강주, 죽력고와 함께 조선 3대 증류주 중 하나로서 조와 쌀과 밀누룩으로 빚

어 발효시킨 후 두 번 증류해 맑은술을 내리고 그것에 여덟 가지 약재(용안육, 계피, 진피, 방풍, 정향, 감초, 지초, 생강)를 침출시켜 약 6개월에서 2년까지 숙성과정을 거쳐 얻어진다.

2) 문배주

재료 : 밀, 찰수수, 메조 등

고려 왕건 시대부터 제조되어 내려온 평양일대의 증류식 소주로 술의 향이 문배나무의 과실에서 풍기는 향기와 같아 붙여진 이름 이다. 문배술은 찰수수와 메조를 누룩과 일정비율로 배합, 10여 일 동안 발효시킨 뒤 증류해서 만들어낸 증류식 소주다. 밀로 누룩을 만들고 찰수수와 메조를 쪄서 밑술(酒母)를 만든다. 배율은 밀누룩 20%, 메조 32%, 찰수수 48%로 알려져 있다. 밑술과 같은 양의 물을 잡아 10여 일을 발효시킨 뒤 소주를 내려서 만든 술이다.

3) 금산 인삼주

재료 : 쌀, 인삼, 솔잎, 쑥 등

약효가 뛰어나다는 5년근 이상의 인삼을 사용하고, 쌀과 누룩 등의 원료를 배합해 제조하며, 물맛 좋기로 유명한 금성면 물탕골 의 천연 암반수를 사용하여 인삼의 향기를 한 층 더 살렸습니다. 또한, 밑술제조, 주발효, 후발효 등의 제조과정이 고유 내려온 전 통적인 방법으로 빚어내고 쌀과 누룩에 인삼을 넣고 저온발효 시 켜 제조하기 때문에 술 속에 인삼의 맛과 향이 그대로 담겨있습니 다. 밀에 인삼을 섞어 누룩을 만들고 이 인삼누룩과 쌀, 미삼과 물 을 써서 밑(starter)을 만든다. 여기에 고두밥, 미삼, 솔잎, 쑥을 섞 어 발효시킨다. 제조기간은 약 100일 정도가 소요되며 오래 둘수록 향미가 뛰어 난 좋은 술이 만들어 진다.

4) 전주 이강주

재료 : 쌀, 배, 생강, 울금, 계피, 꿀 등

이강주는 배(이(梨))와 생강(강(薑))이 들어갔다 하여 붙여진 이름으로 조선 중기부터 전라도와 황해도에서 빚어온 한국의 전통 민속주로써 소주에 배와 생강을 넣어 만든 고급 약소주이다. 전주의 쌀과 배, 생강, 울금, 계피, 꿀 등 여러 가지 약재로 만든 술이며, 2번의 증류과정과 참숯여과방식으로 제조한 증류식 소주이다.

5) 진도 홍주

재료 : 쌀 99%, 지초 1%

고려시대부터 제조되어 내려온 토속명주이다. 쌀이나 보리에 누룩을 넣어 숙성시킨 뒤 증류한 순곡 증류주로 마지막에 지초를 침출하는 과정을 거치며 비단노을과 같은 붉은 빛을 띠게 된다. 조선시대에는 '지초주'라 하여 최고의 진상품으로 꼽힐 정도로 귀한 대접을 받았다.

6) 안동 소주(박재서 / 식품명인 6호)

재료 : 쌀 100%

500년 정통을 자랑하는 안동소주는 지하 270미터에서 끄어올린 청정 암반수와 100% 국내산 쌀만을 사용해 맛이 깔끔하다. 밀 대신 쌀로 누룩을 빚으며 막걸리를 만든 후 다시 청주를 만들어 증류하는 3단사입방식과 감압증류방식을 채택해 화독내와 누룩냄새가 나지 않고 숙취가 없는 게 특징이다.

7) 안동 소주(조옥화 / 경북무형문화재 제 12호)

재료 : 쌀 100%

멥쌀을 불려 시루에 쪄 고두밥을 짓고, 거기에 누룩과 물을 합쳐 자연숙성 시키면 안동소주의 전술이 완성된다. 이를 증류하면서 전통 그대로 45도로도수를 맞추어 완성하면 고유의 은은한 향취와 감칠맛의 안동소주가 완성된다.

8) 담솔

재료 : 쌀 36%, 송순, 솔잎 등

담솔은 솔송주를 증류하여 2년에 걸쳐 저온 숙성시켜 무드러움과 감미로움을 이끌어낸 뒤 꿀로 뒷맛을 잡은 술이다. 솔송주는 찹쌀 죽에 누룩을 잘 섞어 사흘가량 발효해 밑술을 만든다. 삭힌 고두밥과 살짝 찐 솔잎, 송순을 밑술과 섞어 보름가량 숙성시킨 후 체와 창호지로 걸러 서늘한 곳에서 20일 정도 보관 한 뒤 맑은 윗술을 떠내면 담솔의 원주인 솔송주가 완성된다.

9) 두레앙

재료 : 천안시 거봉 100%

한국 제일의 거봉포도 재배기술을 가진 천안시 입장면에서 포도의 정수라 여겨지는 거봉포도로 빚은 포도증류주이다. 거봉으로 포도주를 생산한 후, 감압증류기술을 적용해 완성한 포도의 향미가 그윽한 뛰어난 주질의 포도 증류주이다.

10) 한산 소곡주

재료 : 멥쌀, 찹쌀, 누룩, 엿기름, 생강, 들국화

우리나라에서 전래되는 민속주 중 가장 오래된 술로 백제 때부터 빚어졌으며, 다른 술과는 달리 누룩을 적게 쓰는 까닭에 '소곡주'라 한다. 한양으로 과거시험을 보러 가던 선비가 한산을 지나다 목을 축이려고 주막에 들렀다가 주모가 가져온 술을 받고 그 술맛에 취해 주저앉아 밤낮으로 술을 마시다가 과거를 보지 못했다 하여 일명 앉은뱅이술이라 불리기도 한다.

Tip

상압 증류와 감압 증류

- 상압 증류 : 기본 80도 이상에서 증류, 주로 구리 증류기 사용

  감압 증류보다는 에너지 소비가 많아 경제적이지 못함

  술이 높은 온도에서 가열되기 때문에 술이 바닥에 눌러 붙어서 타거나 누른 냄새가 날 수 있다.

  향기 성분의 함량이 높음

  대표적으로 문배주가 해당

- 감압 증류 : 구리(동)증류기 사용불가(구리는 감압을 견디지 못하고 변형이 생김)

  스테인레스 증류기 사용

  40~50도 정도에서 증류

  산소를 인위적으로 빼서 기압이 낮은 온도에서 증류하여 화근내, 불에 탄듯한 냄새나 느낌이 거의 없음.

  단순, 깔끔한 특징을 주로 지님(숙성 등의 변수는 존재함)

  대표적으로 안동소주, 두레앙, 화요가 해당

기타 재료

PART 12
기타 재료

1. 시럽류

1) 시럽(Syrup)

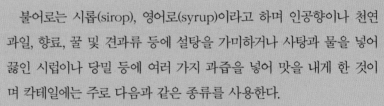

불어로는 시롭(sirop), 영어로(syrup)이라고 하며 인공향이나 천연 과일, 향료, 꿀 및 견과류 등에 설탕을 가미하거나 사탕과 물을 넣어 끓인 시럽이나 당밀 등에 여러 가지 과즙을 넣어 맛을 내게 한 것이며 칵테일에는 주로 다음과 같은 종류를 사용한다.

① 플레인 시럽(Plain Syrup) : 백설탕을 물에 넣어 끓인 것이며 심플 시럽 또는 슈가 시럽이라고 한다. 과거에 칵테일을 만들 때 가루 설탕을 사용했으나 좀 더 잘 섞이게 하기 위하여 지금의 바에서는 거의 대부분 플레인 시럽을 사용한다.

② 검 시럽(Gum Syrup) : 플레인 시럽을 오래 방치해 두면 사탕이 밑으로 가라 앉아 결정체를 이루게 된다. 이것을 방지하기 위하여 플레인 시럽에 아라비아의 검 분말을 첨가하여 만든 설탕 시럽이다.

③ 그레나딘 시럽(Grenadine Syrup) : 당밀에 석류의 풍미를 가한 적색의 시럽이다.

과실 향을 넣은 시럽으로 칵테일에 가장 많이 사용되는 시럽이다.

④ 메이플 시럽(Maple Syrup) : 미국, 캐나다 등지에서 재배되고 있는 사탕단풍의 수액을 쩌서 만든 것으로 독특한 풍미가 있다.

⑤ 퓨어 케인슈거(Pure CaneSugar) : 케인슈가 시럽은 100% 자연산 케인슈거에 정수된 물을 섞어 만든 제품

● 칵테일에 활용되는 다양한 시럽의 세계

라즈베리 시럽	블루베리 시럽	블랙베리 시럽	피치 시럽
오이 시럽	히비스커스 시럽	파머그라넷(석류) 시럽	핑크그레이프후르츠 시럽
망고 시럽	레몬 시럽	로즈 시럽	마카롱 시럽

초콜릿쿠키 시럽

아마레또 시럽

키위 시럽

블루퀴라소 시럽

그린애플 시럽

애플 시럽

패션후르츠 시럽

모히또 시럽

캬라멜 시럽

체리 시럽

바닐라 시럽

2. 약초류 & 향초류(Spice & Herb)

- 허브 : 식물의 잎과 꽃봉오리 등 비교적 부더러운 부분
- 스파이스 : 시, 줄기, 껍질, 열매, 뿌리 등 비교적 딱딱한 부분으로 허브에 비해 향이 강함

향신료는 비타민, 칼슘, 마그네슘 같은 무기염류(미네랄)가 풍부하고 각종 약리 성분을 함유하고 있어서 곡물류나 채소류, 과일류와는 달리 소화, 이뇨, 살균, 항균 작용 등을 한다. 또한 향신료에 함유된 정유(에센셜 오일)성분이나 화학성분은 식욕을 돋우는 역할을 한다. 이 외에도 칵테일에 다양하며 개성있는 맛과 향를 더해준다.

3대 향신료에는 시나몬, 후추, 정향이 있다. 이 외에도 다양한 향신료들을 활용하여 칵테일에 새로운 효능과 풍미를 더해 줄 수 있다.

에프리티프용 칵테일에 사용할 경우 너무 향이 강하거나 또는 디저트를 먹을 때 까지 그 향이 남아있어서는 안 된다.

● 넛멕(Nutmeg)

맛과 향 : 넛멕은 강한 향과 맵고 쓴맛과 단맛, 메이스는 부드러운 향과 단맛
기능 : 소화촉진과 식욕증진의 효과

서양에서는 향신료, 동양에서는 한약재(육두구)로 알려져 있다.

넛맥은 육두구나무 열매의 겉껍질(메이스)을 뺀 작은 호두알처럼 생긴 씨를 말하며 육두구라고도 부른다.

살구와 같은 핵과인데 겉의 과육을 사용하는 게 아니라 씨를 사용한다.

빨간색의 두꺼운 껍질에 싸여 있는 단단한 갈색 씨앗은 넛멕, 그물처럼 빨간 껍질은 메이스로 둘 다 향신료로 사용한다. 넛멕보다는 메이스가 향이 좋고 비싸다.

넛멕은 그윽하면서도 강한 향에 약간은 쓰고 매운맛이 나는데, 메이스는 향은 비슷하지만 좀 더 부드럽고 고급스러우며 단맛이 난다.

● **정향(Clove)**

맛과 향 : 달콤하면서도 자극적인 향

기능 : 기침, 감기, 치통 완화

클로버는 정향나무의 꽃봉오리로 정향이라고도 하며, 영어로는 클로버, 프랑스어로는 클루라고 부른다.

유일하게 꽃봉오리를 쓰는 향신료로 자극적이지만 상쾌하고 달콤한 향이 특징이다.

● **시나몬(Cinnamon)**

맛과 향 : 달짝지근한 계피 향, 도 기특한 청량감과 달콤한 맛, 고상한 향이 특징

기능 : 수분대사 조절, 생리통 완화

우리가 흔히 부르는 시나몬과 계피는 다른 종의 나무에서 얻는 향신료이다.

시나몬은 육계나무 껍질이고 계피는 계수나무 껍질이다.

시나몬은 단맛이 강하고, 계피는 매운맛이 강함.

영어로 시나몬은 Cinnamon 이지만, 계피는 cassia임.

● **캐러웨이(Caraway)**

맛과 향 : 단맛과 레몬 향

기능 : 소화촉진, 복통완화

60cm 정도까지 자라는 2년초로 새의 털과 같이 가볍고 섬세한 잎을 지녔다. 흰색과 분홍색 꽃이 피는데 꽃이 진 뒤에는 녹색의 쌀알과 같은 열매가 많이 열리는데 익으면 갈색이 된다. 캐러웨이 씨는 아니스씨보다 향이 강하다. 씨앗은 그대로 사용하거나 살짝 부수어 쓰기도 하는데 주로 단맛을 내기 위해 사용한다.

● **로즈마리(Rosemary)**

　맛과 향 : 상큼하고 강렬한 향

　기능 : 살균, 소독, 두통완화, 기억력&집중력
　향상

● **타임(Thyme)**

　맛과 향 : 달콤하고 상큼한 소나무 향

　기능 : 방향, 방부, 두통, 빈혈, 우울증 개선
　효과

　우리나라에서는 백리향으로 불리기도 하며
꿀벌이 좋아하는 향을 지닌 타임은 그 향이 100리까지 간다고 하여 붙여진 이름
이다.

　우리나라에서는 주로 프레시 형태로 많이 쓰는 반면, 외국에서는 뿌리까지 뽑
아 말린 '마른 잎'을 주로 사용한다.

● **아니스(Anise)**

　맛과 향 : 달콤하고 상쾌한 맛

　기능 : 소화촉진, 혈액순환 개선

　아니스의 냄새와 맛은 감초보다 약간 더 달
콤하다.

　열매는 맛이 부드러워 술의 풍미를 돋우는데 활용할 수 있다.

　줄기에 붙은 씨앗을 통째로 사용하거나 갈아서 쓴다.

● **바닐라**

　맛과 향 : 가벼운 계피 향과 달콤한 맛

　기능 : 다양한 향을 받아들이는 향신료의 어
　머니라 불리는 바닐라 향

● 고수(Coriander)

맛과 향 : 잎은 매운 버터 향, 씨는 달고 매운 감귤 향

기능 : 식욕증진, 소화촉진, 위장염, 위통 감소

향이 일품이고 비린내를 없애는 데도 효과가 있다. 동양에서는 생것을 선호하고 서양은 씨앗을 쓴다.

● 팔각(Star Anise)

맛과 향 : 매콤한 단맛과 달콤한 향

기능 : 배뇨촉진, 식욕증진

8개의 꼭짓점이 있는 별 모양으로 맛은 아니스와 비슷하다.

● 민트(Mint)

맛과 향 : 매운맛과 상쾌한 향

기능 : 호흡기질환, 소화불량 개선

민트의 청량감과 설탕의 단맛이 조화가 잘 되어 주로 후식에 많이 사용된다.

박하사탕을 만드는 주재료인 민트에는 대표적으로 페퍼민트와 스피어민트가 있다. 이 외에 칵테일에 많이 사용하는 사과향이 나는 애플민트, 잎가에 노란 띠를 두른 파인애플민트, 보라색 꽃이 피는 라벤더민트, 이이스티용 오렌지민트, 샐러드와 차용 진저민트 등이 있다.

3. 과즙류

과일의 액즙을 짜서 만든 과즙 또는 과즙에 과당을 첨가, 가공하여 만든 음료로 칵테일에서 가장 많이 사용하는 주

스는 레몬, 라임 주스이며 이외에 다양한 과일주스는 향미가 새콤하고 달콤하여 칵테일에 또 다른 풍미를 만들어 낸다.

칵테일 조주 시 많이 사용하는 주스류는 다음과 같다.

레몬, 라임, 오렌지, 파인애플, 크랜베리, 자몽, 사과, 토마토 등

4. 청량음료(탄산음료, 무탄산음료)

청량음료는 칵테일 조주 시 보조음료로서 칵테일에 청량감을 주는 비알코올성 음료이다.

청량음료는 탄산음료, 무탄산음료로 구분된다.

이 가운데 탄산음료는 청량감을 주는 탄산가스가 함유된 음료로서 이는 음료에 청량감을 주고, 미생물의 발육을 억제하며, 향기의 변화를 예방한다.

5. 비터

비터란 무엇인가?

비터는 아로마틱한 풍미를 만들어주는 향미료이다.

다시 말해서 뿌리, 나무껍질, 과일껍질, 씨, 허브, 꽃, 향신료, 식물들을 높은 알코올(간혹 글리세린)에 우려낸 아로마틱한 풍미를 지닌 물질이다.

비터란 역사적으로 볼 때 칵테일의 필수요소로 여겨졌다.

1806년 5월 13일 뉴욕의 Federal newspaper에 처음으로 'cocktail'이란 단어가 정의 되었을 당시 '칵테일이란 어떤 종류의 증류주, 설탕, 물 그리고 비터로 구성된 자극적인 술'이라고 쓰였었다.

가장 많이 알려져 있는 앙고스투라 아로마틱 비터에서부터 자몽비터, 레몬비터, 장미비터, 셀러리비터 등에 이르기 까지 각종 허브(향기가 나는 식물들), 식물의 뿌리, 시트러스류의 껍질, 씨앗, 꽃, 과일 등을 우려낸 다양한 타입(형태)의 이러한

알코올류는 자극적이면서 감미롭다.

비터류는 그 맛이 매우 농축되어 있기 때문에 마치 음식의 소금으로 마지막 간을 맞추듯이 칵테일 레시피 마지막 단계에 아주 소량을 주로 사용한다.

주로 쓴맛 때문에 식전주로 사용한다.

또한 두통, 소화불량, 위경련, 변비에 효과가 있다고 알려져 있다.

비터는 궁극적인 매치메이커이다. 1 dash 정도의 비터는 어울리지 않는 두 가지의 증류주에 완벽한 밸런스를 가져다 줄 수 있기도 하고, 너무 스위트한 음료나 서로 어울리지 않는 재료들을 하나로 연결시켜주는 역할까지 하기도 한다.

칵테일이 너무 밋밋하거나 무언가 빠진듯한 느낌이 들거나, 다소 달콤한 음료에 1dash 정도의 비터는 밸런스에 도움을 줄 것이며, 보다 복합적인 특징을 만들어 줄 것이다.

예를 들어 'Manhattans'을 만들 때 앙고스투라비터를 넣지 않은 것과 넣은 것을 비교해 보면 넣지 않은 것은 전반적으로 깊이와 풍미가 부족한 단맛의 음료처럼 밋밋한 느낌이 들 것이다.

● tincture & bitters

팅크제는 한가지 플레이버를 인퓨전 한 것이고, 비터는 여러 플레이버가 섞여 있는 것이다.

또 다른 차이점은 비터는 종종 물이나 약간 달콤란 캬라멜, 꿀, 심플시럽과 함께 희석되지만, 팅크제는 매우 높은 알코올을 지니고 있다.

대부분의 비터들은 45도 정도의 알코올을 보이고 있지만, 팅크제는 30~60도 또는 그 이상의 알코올함유를 가지고 있다.

팅크제를 만드는 방법은 매우 간단하다.

1. 뚜껑이 있는 적당한 크기의 유리병을 준비한다.
2. 원하는 어떤 재료든지 유리병의 1/4정도를 채운다.
   (오렌지 껍질, 로즈마리, 라즈베리, 등)
3. 높은 알코올도수의 증류주를 내용물이 잠길 만큼 채운다.
4. 재료는 파우더 보다는 덩어리(고체)로 사용하는 것이 좋다.

이는 나중에 걸러낼 때 용이하게 하기 위함이다. 티백종류를 사용하여도 가능하다.

인퓨전은 물이나, 알코올, 오일 같은 액체류에 식물의 성분이나 풍미를 추출하는 과정이다(가끔 침맥(Steeping)이라 불리는 과정)

인퓨진의 과정은 식물류의 재료들을 끓여서 달이거나 여과시키는 거와는 다르다.

● **Apple Bitter 만들기(20 OUNCES/약 600ml)**

　　재료 : 중간 크기 이상의 가능한 유기농 사과 6개의 껍질, 레몬껍질 1/2개, 시나몬 스틱 2개, 코리안터 씨 1/4 teaspoon, 계피 칩 1/2 teaspoon, 정향 4개, 높은 도수의 버번위스키 2컵정도, 물 1컵, rich syrup 2 tablespoons(밥숟가락)

　　방법
　　1. 버번, 물, 리치시럽을 제외한 모든 재료들을 1리터 사이즈 병(입구가 넓은)에 넣는다.
　　2. 버번위스키를 2컵을 넣는다. 재료들이 잠기도록 필요 시 더 사용한다.
　　3. 입구를 잘 막고 직사광선을 피하면서 실온에서 2주간 보관을 한다.
　　4. 하루에 한번정도씩 흔들어서 섞어준다.
　　5. 치즈크로스 린넨(음식/요리액체를 짜거나 거르기 위해서 사용하는 면으로 만든 것)으로 여러차례 찌꺼기를 잘 짜서 걸러낸 후 병에 담아낸다.

● **앙고스투라 아로마틱 비터(Angostura Aromatic Bitter)**

럼을 기본주로 하여 용담에서 채취한 고미제를 주체로 하여 많은 약초, 향료를 배합한 것으로서 44.7%의 알코올도수를 지니고 있으나 주로 칵테일에 사용하는 경우 1 dash 정도의 소량을 사용하게 되므로 아주 미미한 알코올성분을 남기고 반면에 명백한 풍미를 더해준다.

● 앙고스투라 오렌지 비터(Angostura Orange Bitter) /44.7% Alcohol

재료 : 알코올, 물, 설탕, 용담(야생화의 일종), 자연향료 등

태양빛에 잘 익은 오렌지 껍질이나 향초류를 주정에 담궈 만든 것이다.

믿을 수 없을 만큼 진, 보드카, 위스키와 잘 어울리며, 럼베이스 칵테일에 깊은 풍미를 더해준다.

● Old Time Aromatic Bitter/39% Alcohol

재료 : 물, 알코올, 설탕, 자연 허브류, 향신료

톡쏘는 냄새와 쓴맛을 지니고 있으며 시나몬, 카더몬(생강목), 아니스, 정향, 생강빵의 아로마를 연상시킨다.

위스키와 럼베이스 음료에 매우 잘 어울리고 감미로운 fruity 한 칵테일에 구조감과 복합성을 가미해준다.

● Grapefruit Bitter/44% Alcohol

재료 : 물, 알코올, 자연 허브류, 향신료

복합적인 시트러스의 맛을 지니고 있으며 호프의 푸른 식물의 풍미에 자몽의 아로마와 풍미가 더해진 맛과 향을 시니고 있다.

진, 보드카, 데킬라 블랑코(화이트), 라이트 럼과 잘 어울리며

지나치게 달콤한 맛을 지닌 시트러스 주 베이스의 음료에도 훌륭한 재료가 된다.

예를 들어서 Daiquri(다이퀴리)에 1 dash 정도를 넣어서 새로운 복합성을 추가해 줄 수 있다.

● Lemon Bitter/39% Alcohol

재료 : 물, 알코올, 설탕, 자연 허브류, 향신료

매우 강한 시트러스의 뉘앙스를 지닌 신선하고 자극적인 감미로움을 지니고 있으며 카더몬(생강목), 코리앤더(고수)의 쓴 풍미를 지니고 있다.

기본적으로 보드카, 진, 데킬라 블랑코(화이트)와 같이 맑은 스피릿(증류주) 베이스 음료에 어울리며, 그 외 다양한 스피릿이나 리큐어들과도 잘 어울린다.

● Rose Water/0% Alcohol

재료 : 물, 장미 에센스

꽃향기가 가득하며 강렬함을 지니고 있으며 장미꽃잎의 풍미와는 구별되는 자연스러움을 지니고 있다.

칵테일이나 롱드링크에 훌륭한 꽃향기를 더해줄 수 있다.

● Celery Bitter/44% Alcohol

재료 : 물, 알코올, 자연 허브류, 향신료

자극적이면서도 레몬그라스, 오렌지껍질, 생강의 아로마를 매우 복합적이고 이국적인 느낌을 지니고 있다. Bloody Mary와 같은 전통적인 해장술에 이상적이며 진 앤 토닉, 마티니 칵테일에도 역시 잘 어울린다.

● Creole Bitter/39% Alcohol

재료 : 물, 알코올, 자연 허브류, 향신료

감미롭고 꽃의 아로마가 아니스, 캐러웨이, 펜넬의 풍미와 어우러져서 쓰고, 달고, 스파이시 하다.

말린 살구, 체리, 크랜베리와 아니스, 스모크 파프리카와 불에 그을린 소나무의 흔적이 느껴지는 비터이다.

맨하튼 칵테일에 잘 어울린다.

● Jerry Thomas 'Own Decanter' Bitters/30% Alcohol

재료 : 물, 알코올, 자연 허브류, 향신료

매우 감미롭고 쓴맛을 지니고 있으며 앙고스투라 나무껍질과 시나몬, 정향의 쓴 풍미와 스파이시함이 시트러스와 말린 과일의 아로마와 어우러져 있다.

Dry Martini

재료(Ingredient)

드라이 진(Dry Gin) 60ml

드라이 버무스(Dry Vermouth) 10ml

기법(Method) 휘젓기(Stir)

글라스(Glass) 칵테일 글라스(Cocktail Glass)

가니쉬(Garnish) 그린 올리브(Green Olive)

● **만드는 법**

1. 칵테일 글라스에 큐브 아이스 2∼3개를 넣고 잔을 차갑게 한다.

2. 믹싱글라스에 큐브 아이스 4∼5개를 넣고 위의 재료를 순서대로 넣은 후 바 스푼을 이용
   하여 내용물을 3∼4회 저어준다.

3. 칵테일 글라스에 있는 큐브 아이스를 비운 후 스트레이너를 이용하여 믹싱 글라스에 있
   는 칵데인의 얼음을 거르며 따라 준다.

4. 그린 올리브를 칵테일 픽에 꽂아 칵테일에 장식해준다.

칵테일 이야기

　마티니는 칵테일의 왕자라고 애칭되는 식전주로 그 시작은 진과 버무스를 반반씩
혼합해 만들었으며 마티니는 배합하는 비율과 재료에 따라 백가지 이상의 종류가 있
다. 또한 'Martini'라는 이탈리아 버무스를 생산하는 회사에서 자사의 제품을 알리기
위해 만들었다는 설도 있다.

Singapore Sling

재료(Ingredient)

드라이 진(Dry Gin) 45ml

레몬 주스(Lemon Juice) 15ml

설탕(Powdered Sugar) 1tsp

클럽 소다로 채운다.(Fill With Club Soda)

체리 브랜디 15ml를 띄운다.

(On Top with Cherry Flavored Brandy)

기법(Method) 흔들기(Shake)/직접넣기(Build)

글라스(Glass) 필스너 글라스(Footed Pilsner Glass)

가니쉬(Garnish) 슬라이스 오렌지와 체리(A slice of Orange and Cherry)

● 만드는 법

1. 필스너 글라스에 큐브 아이스 5~6개를 넣고 잔을 차갑게 한다.

2. 쉐이커에 큐브 아이스 4~5개를 넣고 위의 재료를 설탕까지 순서대로 넣은 후 스트레이너와 캡을 정확히 닫은 후 쉐이커를 약 10회정도 흔들어 준다.

3. 얼음이 담겨있는 필스너 글라스에 쉐이커 캡을 열고 스트레이너를 이용하여 칵테일의 얼음을 거르며 따라 준다.

4. 필스너 글라스의 나머지 부분은 글라스 8부까지 클럽 소다수를 채운 후 체리브렌디를 그 위에 넣는다.

5. 슬라이스 오렌지 위에 체리를 꽂아 칵테일에 장식해 준다.

칵테일 이야기

영국의 소설가 서머싯이 '동양의 신비'라고 극찬했던 칵테일이다.

싱가폴의 Rafiles Hotel의 Bar에서 1910년에 어느 바텐더가 아름다운 석양을 바라보며 만들어져 1900년대 초반에 여러 종류의 레시피가 알려지던 시작한 Straits Sling에서 유래된 것으로 싱가폴에서 대단한 인기를 차지하게 되어 Singapore Sling이라 이름이 지어졌다고 한다.

Negroni

재료(Ingredient)

드라이 진(Dry Gin) 22.5ml

스위트 버무스(Sweet Vermouth) 22.5ml

캄파리(Campari) 22.5ml

기법(Method) 직접넣기(Build)

글라스(Glass) 올드 패션 글라스(Old-fashioned Glass)

가니쉬(Garnish) 레몬필(Twist of Lemon peel)

● 만드는 법

1. 올드 패션 글라스에 큐브 아이스 3~4개를 넣는다.

2. 얼음이 넣어진 올드 패션 글라스에 위의 재료를 순서대로 넣은 후 바 스푼을 이용하여 내용물을 3~4회 저어준다.

3. 레몬필로 칵테일에 장식해 준다.

칵테일 이야기

　이태리 카미로 네그로니 백작이 카소니 레스토랑에서 아메리카노에 드라이 진을 첨가하여 마시는 것을 좋아하여 바텐더 포스코 스칼세리씨가 칵테일을 만들어 주면서 백작의 허락을 받아 칵테일의 이름을 '네그로니'로 라고 발표하였다. 캄파리의 씁쓸한 맛이 식전주로 애음되고 있다.

재료(Ingredient)
라이트 럼(Light Rum) 52.5ml
라임 주스(Lime Juice) 22.5ml
설탕(Powdered Sugar) 1tsp
기법(Method) 흔들기(Shake)
글라스(Glass) 칵테일 글라스(Cocktail Glass)
가니쉬(Garnish) 없음

● 만드는 법

1. 칵테일 글라스에 큐브 아이스 2~3개를 넣고 잔을 차갑게 한다.
2. 쉐이커에 큐브 아이스 4~5개를 넣고 위의 재료를 순서대로 넣은 후 스트레이너와 캡을 정확히 닫은 후 쉐이커를 약 10회정도 흔들어 준다.
3. 칵테일 글라스에 있는 큐브 아이스를 비운 후 쉐이커에 캡을 열고 스트레이너를 이용하여 칵테일의 얼음을 거르며 따라 준다.

칵테일 이야기

1905년 쿠바의 산타이고 근교에 있는 구리 탄광의 엔지니어 Jennings Cox에 의해 만들어진 술이다. 다이퀴리는 광산의 이름으로 Cox가 손님을 접대하기 위해 쿠바산 럼주에 라임주스와 설탕을 넣고 만들었는데, 손님은 칵테일의 맛을 칭찬하면서 기쁨의 의미로 '다이퀴리'란 이름을 붙였고, 이후 다이퀴리는 남미에서 가장 즐겨 마시는 것으로 유명한데 과일과 얼음을 첨가한 프로즌 다이퀴리를 매우 즐겼다고 한다.

Bacardi

재료(Ingredient)

바카디 럼 화이트(Bacardi Rum White) 52.5ml

라임 주스(Lime Juice) 22.5ml

그레나딘 시럽(Grenadine Syrup) 1tsp

기법(Method) 흔들기(Shake)

글라스(Glass) 칵테일 글라스(Cocktail Glass)

가니쉬(Garnish) 없음

● **만드는 법**

1. 칵테일 글라스에 큐브 아이스 2∼3개를 넣고 잔을 차갑게 한다.

2. 쉐이커에 큐브 아이스 4∼5개를 넣고 위의 재료를 순서대로 넣은 후 스트레이너와 캡을 정확히 닫은 후 쉐이커를 약 10회정도 흔들어 준다.

3. 칵테일 글라스에 있는 큐브 아이스를 비운 후 쉐이커에 캡을 열고 스트레이너를 이용하여 칵테일의 얼음을 거르며 따라 준다.

칵테일 이야기

　1933년 바카디 회사가 발표한 칵테일로 뉴욕에서 어느 손님이 바텐더에게 바카디 칵테일을 주문했는데 바텐더가 다른 회사의 럼을 사용하여 조주하였다. 그걸 보고 화가 난 손님이 바카디 칵테일에 바카디 럼을 사용하지 않았다고 고소를 했다. 그 결과 바카디 칵테일은 바카디 럼만으로 만들어야 한다고 판결이 내려졌다. 그래 1938년에 뉴욕의 법원으로부터 그들 특유의 이름을 부여받았고, 그때부터 모든 Bar나 음식점에서 바카디 럼 이외의 럼을 사용하여 만들어져 버린 칵테일은 바카디라 사칭할 수 없게 규제하게 되었으며 '바카디 칵테일'은 반드시 바카디 럼을 사용하여 만들게 되었다.

Cuba Libre

재료(Ingredient)

라이트 럼(Light Rum) 45ml

라임 주스(Lime Juice) 15ml

콜라로 채운다.(Fill With Cola)

기법(Method) 직접넣기(Build)

글라스(Glass) 하이볼 글라스(Highball Glass)

가니쉬(Garnish) 웨지 레몬(A Wedge of Lemon)

● 만드는 법

1. 하이볼 글라스에 큐브 아이스 3~4개를 넣는다.

2. 얼음이 넣어진 하이볼 글라스에 위의 재료를 순서대로 넣은 후 글라스 8부까지 콜라를 채운 후 바 스푼을 이용하여 내용물을 3~4회 저어준다.

3. 웨지 레몬을 꽂아 칵테일에 장식해 준다.

칵테일 이야기

1902년 스페인의 식민지였던 쿠바의 독립운동 당시에 생겨난 'Viva Cuba Libre(자유쿠바만세)'라는 표어에서 유래된 이름이다. 당시 전쟁의 승리와 더불어 쿠바의 유명한 럼이 미군들에게 소개되었고 쿠바에 상륙한 한 장교가 어느 바에 들어갔을 때 미국의 병사가 당시로는 새론 나운 음료인 코카콜라를 마시는 것을 즉석에서 쿠바의 럼과 혼합하여 건배하면서 칵테일의 이름이 되었다고 한다. 쿠바산 럼에 미국산 콜라를 넣어 양국의 연대감을 나타낸 것이 이 칵테일로 정치적인 의기가 짙다. 럼 특유의 달콤한 향기에 콜라의 단맛과 라임의 신맛이 가미되어 상큼함을 더한다.

Mai-Tai

재료(Ingredient)

라이트 럼(Light Rum) 37.5ml

트리플 섹(Trip Sec) 22.5ml

라임 주스(Lime Juice) 30ml

파인애플 주스(Pineapple Juice) 30ml

오렌지 주스(Orange Juice) 30ml

그레나딘 시럽(Grenadine Syrup) 7.5ml

기법(Method) 블렌딩/갈기(Blending)

글라스(Glass) 필스너 글라스(Footed Pilsner Glass)

가니쉬(Garnish) 웨지 파인애플(오렌지)과 체리

A Wedge of Pineapple(Orange) and Cherry

● 만드는 법

1. 필스너 글라스 또는 콜린스 글라스를 준비한다.

2. 위의 재료를 적당량의 크러시드 아이스와 함께 Blender에 넣고 10초 정도 돌린 다음 글라
스에 따라낸다.

3. 웨지 파인애플(오렌지) 위에 체리를 꽂아 칵테일에 장식해 준다.

칵테일 이야기

　마이타이란 타이티어로 '최고'라는 의미이다. 1944년 미국 오클랜드에 있는 폴리네
시안 레스토랑인 '토레다 빅스'의 사장이 빅터 J. 바지로가 고안한 트로피컬 칵테일이
다. 이름 그대로 '최고'의 트로피컬 칵테일이다. 장식의 화려함과 칵테일의 색 배합과
그 실루엣은 아름답기로 유명하다. 전 세계에 레시피가 알려져서 만들 수 있도록 한
마이타이믹스나 완제품을 병에 담겨 있는 다양한 제품들이 나와 있다.

Pina Colada

재료(Ingredient)

라이트 럼(Light Rum) 37.5ml

피나 콜라다 믹스(Pina Colada Mix) 60ml

파인애플 주스(Pineapple Juice) 60ml

기법(Method) 블렌딩/갈기(Blending)

글라스(Glass) 필스너 글라스(Footed Pilsner Glass)

가니쉬(Garnish) 웨지 파인애플과 체리(A Wedge of Pineapple and Cherry)

● 만드는 법

1. 필스너 글라스 또는 콜린스 글라스를 준비한다.

2. 위의 재료를 적당량의 크러시드 아이스와 함께 Blender에 넣고 10초 정도 돌린 다음 글라스에 따라낸다.

3. 웨지 파인애플(오렌지) 위에 체리를 꽂아 칵테일에 장식해 준다.

칵테일 이야기

　스페인어로 '파인애플이 무성한 언덕'이라는 의미를 지니고 있으며 1970년대 카리브해에서 만들어졌다고 한다. 코코넛 향이 진하며 매년 2월 중순 브라질에서 열리는 리오 카니발 때에 많이 사용되고 있다. 라이트 럼 대신 보드카를 넣으면 '치치' 칵테일이 된다.

Blue Hawaiian

재료(Ingredient)

라이트 럼(Light Rum) 30ml

블루 큐라소(Blue Curacao) 30ml

말리부 럼(Malibu Rum) 30ml

파인애플 주스(Pineapple Juice) 75.5ml

기법(Method) 블렌딩/갈기(Blending)

글라스(Glass) 필스너 글라스(Footed Pilsner Glass)

가니쉬(Garnish) 웨지 파인애플과 체리(A Wedge of Pineapple and Cherry)

● **만드는 법**

1. 필스너 글라스 또는 콜린스 글라스를 준비한다.

2. 위의 재료를 적당량의 크러시드 아이스와 함께 Blender에 넣고 10초 정도 돌린 다음 글라스에 따라낸다.

3. 웨지 파인애플(오렌지) 위에 체리를 꽂아 칵테일에 장식해 준다.

칵테일 이야기

1957년 하와이 힐튼호텔 바텐더가 만든 칵테일로 사계절이 여름인 하와이 섬을 이미지로 한 트로피컬 칵테일에서 유래한 것이다. 코코넛 a사의 달콤한 트로피컬 칵테일로 푸른색이 보기만 해도 시원하게 만들어 주는 더운 여름 해변가에서 즐기기 좋은 칵테일이다.

3. VODKA BASE COCKTAIL
Bloody Mary

재료(Ingredient)

보드카(Vodka) 45ml

우스터셔 소스(Worcestershire Sauce) 1tsp

타바스코 소스(Tabasco Sauce) 1dash

소금, 후추(Pinch of Salt and Pepper) 약간

토마토 주스로 채운다.(Fill with Tomato Juice)

기법(Method) 직접넣기(Build)

글라스(Glass) 하이볼 글라스(Highball Glass)

가니쉬(Garnish) 슬라이스 레몬 또는 샐러리(A Slice of Lemon or Celery)

● 만드는 법

1. 하이볼 글라스에 우스터셔 소스, 타바스코 소스, 소금, 후추를 넣고 잘 섞는다.

2. 하이볼 글라스에 큐브 아이스를 3~4개를 넣고 보드카를 넣고 글라스 8부까지 토마토주
스를 채운 후 바 스푼을 이용하여 내용물을 3~4회 저어준다.

3. 슬라이스 레몬이나 샐러리를 꽂아 칵테일에 장식해 준다.

칵테일 이야기

　이 술의 유래는 여러 가지가 있다. 그중 George Jessel이라는 사람에 의한 것이다.
그는 이른 아침에 Palm Spring의 선술집을 찾았으나 일하고 있는 바텐더가 없었다.
그래서 그는 스스로 바에 들어가 토마토 주스와 보드카를 사용하여 숙취에서 깨어날
해장술을 만들었다. 그는 그가 만든 새로운 술을 Mary라는 여성과 함께 즐기다가 그
녀에게 엎질렀다. 그는 자신의 실수로 어색해진 분위기를 전환하고자 "Well, Aren't
Bloody, Mary?"라고 말한 것에서 유래됐다고 한다.

　외국에서 해장술로 유명한 칵테일로 토마토의 신맛을 내는 구연산이 숙취로 인한
속쓰림을 해소하고 과당, 포도당뿐만 아니라 미량 원소인 비타민 C와 비타민 B, 글루
타민산이 풍부해 간을 보호하기 때문이다.

Black Russian

재료(Ingredient)

보드카(Vodka) 30ml

커피 리큐어(Coffee Liqueur) 15ml

기법(Method) 직접넣기(Build)

글라스(Glass) 올드 패션 글라스(Old-fashioned Glass)

가니쉬(Garnish) 없음

● 만드는 법

1. 올드 패션 글라스에 큐브 아이스 3~4개를 넣는다.

2. 얼음이 넣어진 올드 패션 글라스에 위의 재료를 순서대로 넣은 후 바 스푼을 이용하여 내용물을 3~4회 저어준다.

칵테일 이야기

블랙 러시아는 '어두운 러시아(인)'라는 뜻으로 러시아가 공산주의의 종주국이던 시절, 암흑의 세계, 장막의 나라로 불리던 시절의 러시아를 상징한다. K.G.B.의 횡포에 항거하는 의미가 담겨져 있다고도 하는 이 칵테일은 한편 러시아 사람들의 음흉함, 어두움을 뜻하는 말로 '블랙 러시안'이라는 표현이 쓰이곤 하는데 지금의 러시아 사람들은 이 '블랙 러시안'이라는 말을 싫어한다고 한다. 크림이나 우유를 첨가하면 화이트 러시안이라는 칵테일이 된다.

Harvey Wallbanger

재료(Ingredient)

보드카(Vodka) 45ml

오렌지 주스로 채운다.(Fill with Orange Juice)

갈리아노(Galliano) 15ml

기법(Method) 직접넣기(Build)/띄우기(Float)

글라스(Glass) 콜린스 글라스(Collins Glass)

가니쉬(Garnish) 없음

● 만드는 법

1. 콜린스 글라스에 큐브 아이스 5~6개를 넣는다.

2. 얼음이 담겨있는 칼린스 글라스에 보드카를 넣고 글라스 8부까지 오렌지 주스로 채운 후
바 스푼을 이용하여 내용물을 3~4회 저어준다.

3. 만들어진 칵테일 위에 갈리아노를 띄운다.

칵테일 이야기

　비틀거리는 보드라는 하비월뱅어 이름은 캘리포니아의 한 서퍼의 이름에서 따온 것
이라고 전해지고 있다. 하비(Harvey)라는 서퍼챔피언이 갈리아노 리큐어를 넣은 독
특한 스크류드라이버를 즐겨 마셨는데 어느 날, 칵테일을 너무 많이 마신 하비는 취해
벽에 부딪히며 돌아오는 그를 보고 사람들이 '벽에 부딪히는 하비'라고 불렀는데, 그
것이 칵테일명의 유래이다.

Kiss of Fire

재료(Ingredient)

보드카(Vodka) 30ml

슬로우진(Sloe Gin) 15ml

드라이 버무스(Dry Vermouth) 15ml

레몬 주스(Lemon Juice) 1tsp

기법(Method) 흔들기(Shake)

글라스(Glass) 칵테일 글라스(Cocktail Glass)

가니쉬(Garnish) 설탕리밍(Rimming with Suger)

● 만드는 법

1. 칵테일 글라스 테두리에 레몬즙을 바르고 설탕을 묻힌다.

2. 쉐이커에 큐브 아이스 4~5개를 넣고 위의 재료를 순서대로 넣은 후 스트레이너와 캡을 정확히 닫은 후 쉐이커를 약 10회정도 흔들어 준다.

3. 칵테일 글라스에 쉐이커 캡을 열고 스트레이너를 이용하여 칵테일의 얼음을 거르며 따라 준다.

칵테일 이야기

　1953년 제 5회 일본 바텐더 경연대회에서 1위로 입상한 칵테일로 '이시오가 켄지'가 만든 칵테일이다. 젊은 연인간의 달콤한 사람을 연상케 하는 칵테일로 '불타는 키스' 정도로 직역해볼 수 있다. 화려한 붉은 색에 스노우 스타일로 연출한 아름다운 칵테일이다.

Sea Breeze

재료(Ingredient)

보드카(Vodka) 45ml

크랜베리 주스(Cranberry Juice) 90ml

자몽 주스(Grapefruit Juice) 15ml

기법(Method) 직접넣기(Build)

글라스(Glass) 하이볼 글라스(Highball Glass)

가니쉬(Garnish) 웨지 레몬 또는 라임(A Wedge of Lemon or Lime)

● **만드는 법**

1. 하이볼 글라스에 큐브 아이스 3～4개를 넣는다.

2. 얼음이 넣어진 하이볼 글라스에 위의 재료를 순서대로 넣은 후 바 스푼을 이용하여 내용
   물을 3～4회 저어준다.

3. 웨지 레몬(라임)을 꽂아 칵테일에 장식해 준다.

칵테일 이야기

　바닷바람 산들산들 불어오는 해풍이라는 뜻으로 1920년대 후반에 보드카에 여름과
일을 넣어 만든 것이 처음이었다. 이 칵테일은 프랑스영화 '프렌치키스'에서 주인공
이 프랑스 칸느해변을 거닐며 마신 칵테일로도 유명하다.

Apple Martini

재료(Ingredient)

보드카(Vodka) 30ml

애플 퍼커(Apple Pucker) 30ml

라임 주스(Lime Juice) 15ml

기법(Method) 흔들기(Shake)

글라스(Glass) 칵테일 글라스(Cocktail Glass)

가니쉬(Garnish) 슬라이스 사과(A Slice Apple)

● **만드는 법**

1. 칵테일 글라스에 큐브 아이스 2~3개를 넣고 잔을 차갑게 한다.

2. 쉐이커에 큐브 아이스 4~5개를 넣고 위의 재료를 순서대로 넣은 후 스트레이너와 캡을 정확히 닫은 후 쉐이커를 약 10회정도 흔들어 준다.

3. 칵테일 글라스에 있는 큐브 아이스를 비운 후 쉐이커에 캡을 열고 스트레이너를 이용하여 칵테일의 얼음을 거르며 따라 준다.

4. 슬라이스 사과를 칵테일에 장식해 준다.

칵테일 이야기

수십 종류를 가진 마티니는 '칵테일의 왕'이라 불리는데 독한 마티니라는 편견을 깨고 가볍고 달콤하게 즐길 수 있게 만든 칵테일이다. '섹스 앤 더 시티'라는 미국의 드라마에서 자주 등장해서 여성들에게 인기가 많은 칵테일이다.

Long Island Iced Tea

재료(Ingredient)

보드카(Vodka) 15ml

진(Gin) 15ml

라이트 럼(Light Rum) 15ml

데킬라(Tequila) 15ml

트리플 섹(Triple Sec) 15ml

스위트 앤 사워 믹스(Sweet&Sour Mix) 45ml

콜라로 채운다.(On Top with Cola)

기법(Method) 직접넣기(Build)

글라스(Glass) 콜린스 글라스(Collins Glass)

가니쉬(Garnish) 웨지 레몬 또는 라임(A Wedge of Lemon or Lime)

● 만드는 법

1. 칼린스 글라스에 큐브 아이스 5∼6개를 넣는다.

2. 얼음이 담겨있는 칼린스 글라스에 콜라를 제외한 위의 재료를 순서대로 넣고 글라스 8부
까지 콜라로 채운 후 바 스푼을 이용하여 내용물을 3∼4회 저어준다.

3. 웨지 레몬(라임)을 꽂아 칵테일에 장식해 준다.

칵테일 이야기

롱아일랜드는 미국 뉴욕의 동남부에 있는 섬으로서 독립전쟁 당시 격전지로 유명한
곳이다. 이것을 응용한 칵테일로서 일명 칵테일폭탄주로 불리며, 다섯 종류의 증류주
가 들어가지만 콜라와 혼합되면서 홍차의 색과 맛이 난다고 하여 붙여진 이름이다.

Cosmopolitan

재료(Ingredient)

보드카(Vodka) 30ml

트리플 섹(Triple Sec) 15ml

라임 주스(Lime Juice) 15ml

크랜베리 주스(Cranberry Juice) 15ml

기법(Method) 흔들기(Shake)

글라스(Glass) 칵테일 글라스(Cocktail Glass)

가니쉬(Garnish) 레몬(라임)필(Twist of Lemon peel or Lime peel)

● 만드는 법

1. 칵테일 글라스에 큐브 아이스 2~3개를 넣고 잔을 차갑게 한다.
2. 쉐이커에 큐브 아이스 4~5개를 넣고 위의 재료를 순서대로 넣은 후 스트레이너와 캡을
   정확히 닫은 후 쉐이커를 약 10회정도 흔들어 준다.
3. 칵테일 글라스에 있는 큐브 아이스를 비운 후 쉐이커에 캡을 열고 스트레이너를 이용하
   여 칵테일의 얼음을 거르며 따라 준다.
4. 레몬(라임)필로 칵테일에 장식해 준다.

칵테일 이야기

‘세계인’, ‘국제적인’, ‘범세계주의자’ 등의 세계적인 의미를 지닌 칵테일로 매우 도
시적이며 뉴욕 여성들에게 인기 있는 칵테일이다. 미국의 인기 드라마 ‘섹스 앤 더 시
티’의 여자 주인공 ‘캐리’가 즐겨 마시던 칵테일 중의 하나로 유명해진 칵테일이다.

Moscow Mule

재료(Ingredient)

보드카(Vodka) 45ml

라임 주스(Lime Juice) 15ml

진저엘로 채운다.(Fill with Ginger ale)

기법(Method) 직접넣기(Build)

글라스(Glass) 하이볼 글라스(Highball Glass)

가니쉬(Garnish) 슬라이스 레몬 또는 라임(A Slice of Lemon or Lime)

● **만드는 법**

1. 하이볼 글라스에 큐브 아이스 3~4개를 넣는다.
2. 얼음이 넣어진 하이볼 글라스에 위의 재료를 순서대로 넣은 후 글라스 8부까지 진저엘로 채운 후 바 스푼을 이용하여 내용물을 3~4회 저어준다.
3. 슬라이스 레몬(라임)을 꽂아 칵테일에 장식해 준다.

칵테일 이야기

스미노프 보드카의 소유자 '잭 마틴'과 그의 친구인 콕 앤 불의 사장 '잭 모건'에 의해 채텀 바에서 만들어진 칵테일이다. 이 칵테일은 '뮬'은 암말과 수놈당나귀에서 태어난 노새를 뜻하는 말로 '모스크바의 노새'라는 뜻으로 처음 마실 때에는 라임과 진저 엘의 상큼함, 청량감을 맛보게 되지만 그 뒤에 숨겨진 보드카의 풍미 때문에 마신 뒤에는 살짝 취기가 돌아 노새가 뒷발로 찬다는 습성을 표현한 이름 그대로를 느낄 수 있다.

4. TEQUILA BASE COCKTAIL
Margarita

재료(Ingredient)

데킬라(Tequila) 45ml

트리플 섹(Triple Sec) 15ml

라임 주스(Lime Juice) 15ml

기법(Method) 흔들기(Shake)

글라스(Glass) 칵테일 글라스(Cocktail Glass)

가니쉬(Garnish) 소금리밍(Rimming with Salt)

● **만드는 법**

1. 칵테일 글라스 테두리에 레몬즙을 바르고 소금을 묻힌다.
2. 쉐이커에 큐브 아이스 4~5개를 넣고 위의 재료를 순서대로 넣은 후 스트레이너와 캡을 정확히 닫은 후 쉐이커를 약 10회정도 흔들어 준다.
3. 칵테일 글라스에 쉐이커 캡을 열고 스트레이너를 이용하여 칵테일의 얼음을 거르며 따라 준다.

칵테일 이야기

슬픈 사연을 담고 있는 칵테일로 '마가리타'는 스페인어이며 영어로 바꾸면 '마가렛'이라는 여자 이름이다. 1949년 로스엔젤리스의 한 레스토랑에 근무하는 바텐더가 그해 미국 칵테일 대회에서 입선했는데, 1926년 멕시코의 두 남녀가 사냥을 하려갔다가 총기오발사고로 죽은 그의 애인에게 바치는 칵테일이다. 그녀는 모든 술을 마실 때 소금을 곁들여 마시는 습관이 있어서 그는 그녀를 위해 소금을 글라스 가장자리에 바르는 새로운 칵테일을 만들고 그녀의 이름을 붙였다고 한다.

트리플 섹을 블루 퀴라소로 바꾸면 블루 마가리타는 칵테일이 된다.

Tequila Sunrise

재료(Ingredient)

데킬라(Tequila) 45ml

오렌지 주스로 채운다.(Fill with Orange Juice)

그레나딘 시럽(Grenadine Syrup) 15ml

기법(Method) 직접넣기(Build)/띄우기(Float)

글라스(Glass) 필스너 글라스(Footed Pilsner Glass)

가니쉬(Garnish) 없음

● 만드는 법

1. 하이볼 글라스에 큐브 아이스 4~5개를 넣는다.

2. 얼음이 담겨있는 하이볼 글라스에 데킬라를 넣고 글라스 8부까지 오렌지 주스로 채운다.

3. 만들어진 칵테일 위에 그레나딘 시럽을 띄운다.

칵테일 이야기

　데킬라의 고향인 멕시코에 선인장만이 있을 것 같은 황폐한 평온을 붉게 비추며 타오르는 일출을 이미지로 표현한 칵테일이다. 오렌지 주스와 그레나딘 시럽이 인상적인 일출을 잘 표현하고 있다.

재료(Ingredient)

브랜디(Brandy) 22.5ml

크림드 드 카카오 브라운 Creme De Cacao(Brown) 22.5ml

우유(Light Milk) 22.5ml

기법(Method) 흔들기(Shake)

글라스(Glass) 칵테일 글라스(Cocktail Glass)

가니쉬(Garnish) 넛맥 파우더(Nutmeg Power)

● 만드는 법

1. 칵테일 글라스에 큐브 아이스 2~3개를 넣고 잔을 차갑게 한다.

2. 쉐이커에 큐브 아이스 4~5개를 넣고 위의 재료를 순서대로 넣은 후 스트레이너와 캡을
정확히 닫은 후 쉐이커를 약 10회정도 흔들어 준다.

3. 칵테일 글라스에 있는 큐브 아이스를 비운 후 쉐이커에 캡을 열고 스트레이너를 이용하
여 칵테일의 얼음을 거르며 따라 준다.

4. 만들어진 칵테일 위에 넛맥 가루를 뿌려준다.

칵테일 이야기

1863년 영국의 국왕 에드워드7세와 덴마크 왕국의 장녀 알렉산드라와의 결혼을 기
념하여 만들어진 칵테일이다. 처음에는 '알렉산드라'라는 여성의 이름을 붙였으나 시
간이 지나면서 지금의 이름으로 바뀌었다고 한다.

잭 레먼이 주연한 영화 '술과 장미의 나날'에서 술을 전혀 마실 줄 모르는 아내에게
남편이 이 칵테일을 권하면서 두 사람은 알코올 중독자가 되어가는 이야기의 영화이
다. 영화에서처럼 누구든 쉽게 알코올 중독자로 만들 수 있는 칵테일로 '중독이 되는
술'이라고도 한다.

Sidecar

재료(Ingredient)

브랜디(Brandy) 30㎖

꼬엥뜨로 또는 트리플 섹(Cointreau or Triple Sec) 30㎖

레몬 주스(Lemon Juice) 7.5㎖

기법(Method) 흔들기(Shake)

글라스(Glass) 칵테일 글라스(Cocktail Glass)

가니쉬(Garnish) 없음

● 만드는 법

1. 칵테일 글라스에 큐브 아이스 2~3개를 넣고 잔을 차갑게 한다.
2. 쉐이커에 큐브 아이스 4~5개를 넣고 위의 재료를 순서대로 넣은 후 스트레이너와 캡을 정확히 닫은 후 쉐이커를 약 10회 정도 흔들어 준다.
3. 칵테일 글라스에 있는 큐브 아이스를 비운 후 쉐이커에 캡을 열고 스트레이너를 이용하여 칵테일의 얼음을 거르며 따라 준다.

칵테일 이야기

제 1차 세계대전 당시 프랑스 파리의 목로 주점 거리를 사이드 카를 타고 달리던 군인이 처음 만들어낸 술이라 하여 지어진 이름이다. 독일군 정찰대 장교가 적지인 프랑스 정렴지에 진격하여 자신을 태우고 간 사이드카 기사에게 승전의 기쁨을 즐기기 위하여 술을 구하여 오라고 하였더니 민가에서 프랑스산 꼬냑과 꼬엥뜨로를 가지고와 여기에 레몬 주스를 넣어 만들어진 것이 시작이라고 한다.

Honeymoon

재료(Ingredient)

애플 브랜디(Apple Brandy) 22.5ml

베네디틴 디오엠(Benedictine DOM) 22.5ml

트리플 섹(Triple Sec) 7.5ml

레몬 주스(Lemon Juice) 15ml

기법(Method) 흔들기(Shake)

글라스(Glass) 칵테일 글라스(Cocktail Glass)

가니쉬(Garnish) 없음

● **만드는 법**

1. 칵테일 글라스에 큐브 아이스 2~3개를 넣고 잔을 차갑게 한다.

2. 쉐이커에 큐브 아이스 4~5개를 넣고 위의 재료를 순서대로 넣은 후 스트레이너와 캡을
   정확히 닫은 후 쉐이커를 약 10회정도 흔들어 준다.

3. 칵테일 글라스에 있는 큐브 아이스를 비운 후 쉐이커에 캡을 열고 스트레이너를 이용하
   여 칵테일의 얼음을 거르며 따라 준다.

칵테일 이야기

  신혼의 단꿈을 영원히 간직하기 위해 만든 칵테일로 프랑스풍의 칵테일 중에서는
대표적이다. 단맛과 신맛이 조화를 이룬 칵테일이다.

재료(Ingredient)
버번 위스키(Bourbon Whiskey) 45ml
스위트 버무스(Sweet Vermouth) 22.5ml
앙고스투라비터(Angostura Bitters) 1dash
기법(Method) 휘젓기(Stir)
글라스(Glass) 칵테일 글라스(Cocktail Glass)
가니쉬(Garnish) 체리(Cherry)

● **만드는 법**

1. 칵테일 글라스에 큐브 아이스 2~3개를 넣고 잔을 차갑게 한다.
2. 믹싱글라스에 큐브 아이스 4~5개를 넣고 위의 재료를 순서대로 넣은 후 바 스푼을 이용
하여 내용물을 3~4회 저어준다.
3. 칵테일 글라스에 있는 큐브 아이스를 비운 후 스트레이너를 이용하여 믹싱 글라스에 있
는 칵테일을 얼음을 거르며 따라 준다.
4. 체리를 칵테일 픽에 꽂아 칵테일에 장식해준다.

칵테일 이야기

칵테일의 여왕으로 불리는 맨하탄은 영국의 수상이었던 처칠의 어머니 제니 젤롬
여사가 만들어낸 것으로 알려져 있는데, 미국인이었던 그녀가 1876년 자신이 지지하
는 대통령 후보를 위해 맨하탄 클럽에서 파티를 열어 이 칵테일을 초대객들에게 대접
한데서 시작되었다 한다. 한편 맨하탄 시가 메트로폴리탄으로 승격된 것을 축하하는
뜻으로 1890년 맨하탄의 한 바에서 만들어졌다는 애기도 있다. 참고로 맨하탄은 인디
안 알콘 퀸족 말로 '고주망태' 또는 '주정뱅이'라는 뜻을 가지고 있다고 한다.

Old Fashioned

재료(Ingredient)

버번 위스키(Bourbon Whiskey) 45ml

각설탕(Cubed Sugar) 1ea

앙고스투라비터(Angostura Bitters) 1dash

소다수(Soda Water) 15ml

기법(Method) 직접넣기(Build)

글라스(Glass) 올드 패션 글라스(Old-fashioned Glass)

가니쉬(Garnish) 슬라이스 오렌지와 체리(A slice of Orange and Cherry)

● 만드는 법

1. 올드 패션 글라스에 각설탕과 앙고스투라 비터, 소다수를 차례로 넣고 잘 용해시킨다.

2. 올드 패션 글라스에 큐브 아이스 4~5개를 넣고 버번 위스키를 넣은 후 바 스푼을 이용하여 내용물을 3~4회 저어준다.

3. 슬라이스 오렌지에 체리를 꽂아 칵테일에 장식해준다.

칵테일 이야기

미국 켄터키주 루이스빌레에 있는 펜데니스 클럽의 바텐더가 펜데니스 클럽에 모인 경마 팬을 위해 만든 칵테일이라고 한다. 그 당시 유행하던 토디와 그 맛과 형태가 비슷해 지난날의 기억을 되살려 준다는 의미로 붙은 이름이다. 위스키를 베이스로 하여 남성적인 이미지가 강한 칵테일로 처음 마셨을 때 아메리카 위스키의 바닐라 향과 비터의 쓴맛을 느낄 수 있다. 시간이 지날수록 설탕이 용해되면서 다양한 맛을 즐길 수 있는 매력적인 칵테일이다.

Rusty Nail

재료(Ingredient)

스카치 위스키(Scotch Whiskey) 30ml

드람뷔이(Drambuie) 15ml

기법(Method) 직접넣기(Build)

글라스(Glass) 올드 패션 글라스(Old-fashioned Glass)

가니쉬(Garnish) 없음

● 만드는 법

1. 올드 패션 글라스에 큐브 아이스 3~4개를 넣는다.

2. 얼음이 넣어진 올드 패션 글라스에 위의 재료를 순서대로 넣은 후 바 스푼을 이용하여 내용물을 3~4회 저어준다.

칵테일 이야기

 '녹슨 못' 또는 영국의 속어로 '고풍스러운'이라는 뜻을 가지고 있는 칵테일이다. 그만큼 오래된 칵테일이라는 뜻으로 영국 신사들이 즐겨 마시는 칵테일이다. 위스키의 강한 맛과 벌꿀의 단맛, 허브의 스파이시한 맛이 어울려져 식후주로도 좋은 칵테일이다.

New York

재료(Ingredient)

버번 위스키(Bourbon Whiskey) 45ml

라임 주스(Lime Juice) 15ml

설탕(Powered Suger) 1tsp

그레나딘 시럽(Grenadine Syrup) 1/2tsp

기법(Method) 흔들기(Shake)

글라스(Glass) 칵테일 글라스(Cocktail Glass)

가니쉬(Garnish) 레몬필(Twist of Lemon peel)

● **만드는 법**

1. 칵테일 글라스에 큐브 아이스 2~3개를 넣고 잔을 차갑게 한다.

2. 쉐이커에 큐브 아이스 4~5개를 넣고 위의 재료를 순서대로 넣은 후 스트레이너와 캡을
   정확히 닫은 후 쉐이커를 약 10회정도 흔들어 준다.

3. 칵테일 글라스에 있는 큐브 아이스를 비운 후 쉐이커에 캡을 열고 스트레이너를 이용하
   여 칵테일의 얼음을 거르며 따라 준다.

4. 레몬필로 칵테일에 장식해 준다.

칵테일 이야기

　미국의 대도시 뉴욕의 이름을 그대로 붙인 칵테일로서 뉴욕의 해가 떠오르는 모습
을 연상케 하는 화려한 색채와 자극적이지 않은 맛으로 전 세계인들에게 사랑을 받고
있는 칵테일이다.

Whiskey Sour

재료(Ingredient)

버번 위스키(Bourbon Whiskey) 45ml

레몬 주스(Lemon Juice) 15ml

설탕(Powered Suger) 1tsp

소다수(On Top With Soda Water) 30ml

기법(Method) 흔들기(Shake)/직접넣기(Build)

글라스(Glass) 사워 글라스(Sour Glass)

가니쉬(Garnish) 슬라이스 레몬과 체리(A slice of Lemon and Cherry)

● 만드는 법

1. 사워글라스에 큐브 아이스 2~3개를 넣고 잔을 차갑게 한다.
2. 쉐이커에 큐브 아이스 4~5개를 넣고 소다수를 제외하고 위의 재료를 순서대로 넣은 후 스트레이너와 캡을 정확히 닫은 후 쉐이커를 약 10회정도 흔들어 준다.
3. 사워 글라스에 있는 큐브 아이스를 비운 후 쉐이커에 캡을 열고 스트레이너를 이용하여 칵테일의 얼음을 거르며 따라 준다.
4. 칵테일을 따른 사워 글라스에 소다수를 넣어준다.
5. 슬라이스 레몬에 체리를 꽂아 칵테일에 장식해 준다.

칵테일 이야기

1860년 프랑스에서 브랜디에 레몬주스와 설탕을 넣어 만들어 마신 것이 시초이며 1891년 미국에서 버번위스키를 베이스로 만들어 마시면서 널리 알려지기 시작하였다. 레몬주스의 새콤한 맛이 미각을 돋구어 주는 칵테일로 베이스를 진을 사용하면 진 사워, 브랜디를 사용하면 브랜디 사워가 된다.

재료(Ingredient)

그레나딘 시럽(Grenadine Syrup) 1/3part

크림드 드 민트 그린(Creme De Menthe(G)) 1/3part

브랜디(Brandy) 1/3part

기법(Method) 띄우기(Float)

글라스(Glass) 리큐어 글라스(Stemed Liqueur Glass)

가니쉬(Garnish) 없음

● 만드는 법

1. 리큐어 글라스를 준비한다.

2. 그레나딘 시럽은 지거를 이용하여 리큐어 글라스에 직접 넣어준다.

　이때 글라스 안쪽 벽에 묻지 않게 조심해서 따른다.

3. 바 스푼 뒷부분을 이용해 위의 나머지 재료들을 순서대로 쌓아준다.

칵테일 이야기

　정찬 때 커피와 함께 또는 그 뒤에 나오는 작은 잔에 비중이 서로 다른 리큐어를 쌓아올린 술로써 'Coffe Pusher'라는 뜻이다.

B-52

재료(Ingredient)

커피 리큐어(Coffee Liqueur) 1/3part

베일리스(Bailey's Irish Cream Liqueur) 1/3part

그랑마니에르(Grand Marnier) 1/3part

기법(Method) 띄우기(Float)

글라스(Glass) 2oz(온스) 셰리 글라스(Sherry Glass)

가니쉬(Garnish) 없음

● 만드는 법

1. 셰리 글라스를 준비한다.

2. 커피 리큐어는 지거를 이용하여 셰리 글라스에 직접 넣어준다.

　이때 글라스 안쪽 벽에 묻지 않게 조심해서 따른다.

3. 바 스푼 뒷부분을 이용해 위의 나머지 재료들을 순서대로 쌓아준다.

칵테일 이야기

　미국의 전쟁 당시 사용되었던 미국의 폭격기 이름을 따서 만든 칵테일로 주로 소이탄 폭격을 하는 데 쓰였다고 한다. 소이탄은 발화를 목적으로 쓰이는 탄으로, 이것을 착안해서 칵테일에도 불을 붙이는 방식을 사용했던 것 같다고 한다. 슈터칵테일(한번에 들이킬 수 있는 칵테일)로 대표적이다. 폭격기와의 강한 이미지와는 다르게 커피, 코코넛 크림과 꼬냑에 오렌지 향이 어울려져 달콤한 맛이 매력적인 칵테일이다.

June Bug

재료(Ingredient)

멜론 리큐어(미도리)(Melon Liqueur(Midori)) 30ml

코코넛 플레이버드 럼 또는 말리부 럼(Malibu Rum) 15ml

바나나 리큐어(Banana Liqueur) 15ml

파인애플 주스(Pineapple Juice) 60ml

스위트 앤 사워 믹스(Sweet&Sour Mix) 60ml

기법(Method) 흔들기(Shake)

글라스(Glass) 콜린스 글라스(Collins Glass)

가니쉬(Garnish) 웨지 파인애플 과 체리(A Wedge of Pineapple and Cherry)

● 만드는 법

1. 칼린스 글라스에 큐브 아이스 5~6개를 넣고 잔을 차갑게 한다.

2. 쉐이커에 큐브 아이스 4~5개를 넣고 위의 재료를 순서대로 넣은 후 스트레이너와 캡을
정확히 닫은 후 쉐이커를 약 10회정도 흔들어 준다.

3. 얼음이 담겨있는 칼린스 글라스에 쉐이커의 캡을 열고 스트레이너를 이용하여 칵테일의
얼음을 거르며 따라 준다.

4. 웨지 파인애플 위에 체리를 꽂아 칵테일에 장식해 준다.

칵테일 이야기

색상 때문에 '6월의 애벌레'라는 뜻을 가지고 있는 칵테일이다. 초원이 푸르러 활동
이 왕성해진 애벌레라는 뜻으로 상큼한 맛과 푸르른 색깔의 조화로 가장 인기 있는 칵
테일이다. 멜론과 코코넛, 바나나의 맛과 향을 풍부하게 느낄 수 있는 트로피컬 칵테
일이다.

Sloe Gin Fizz

재료(Ingredient)
슬로우 진(Sole Gin) 45ml

레몬 주스(Lemon Juice) 15ml

설탕(Powered Suger) 1tsp

소다수 채운다.(Fill with Club Soda)

기법(Method) 흔들기(Shake)/직접넣기(Build)

글라스(Glass) 하이볼 글라스(Highball Glass)

가니쉬(Garnish) 슬라이스 레몬(A slice of Lemon)

● 만드는 법

1. 하이볼 글라스에 큐브 아이스 2~3개를 넣고 잔을 차갑게 한다.

2. 쉐이커에 큐브 아이스 4~5개를 넣고 소다수를 제외하고 위의 재료를 순서대로 넣은 후 스트레이너와 캡을 정확히 닫은 후 쉐이커를 약 10회정도 흔들어 준다.

3. 얼음이 담겨있는 하이볼 글라스에 있는 쉐이커에 캡을 열고 스트레이너를 이용하여 칵테일의 얼음을 거르며 따라 준다.

4. 칵테일을 따른 하이볼 글라스에 소다수를 8부까지 채우고 난 후 바 스푼을 이용하여 내용물을 3~4회 저어준다.

5. 슬라이스 레몬을 칵테일에 장식해 준다.

칵테일 이야기

1963년 4월 8일 워커힐이 동양최대의 종합휴양소로 주한 미군을 위해 개관하였을 때 만들어진 칵테일이다. 내국인의 출입이 통제되고 미군들만이 워커힐을 이용할 당시 미군과 동반하여 오는 여성들을 위해 순하고 맛이 좋은 칵테일로 만든 것이 시초이다.

슬로우진에 레몬주스를 넣고 설탕과 탄산수를 섞어서 만드는데 마지막에 피즈(Fizz)라고 하는 탄산음료의 뚜껑을 열 때 '피즈~' 하고 소리가 나서 붙여진 이름이라고 한다.

Grasshopper

재료(Ingredient)

크림드 드 민트 그린 Creme De Menthe(G) 30ml

크림드 드 카카오 화이트 Creme De Cacao(W) 30ml

우유(Light Milk) 30ml

기법(Method) 흔들기(Shake)

글라스(Glass) 샴페인 글라스(소서형) Champagne

Glass(Saucer형)

가니쉬(Garnish) 없음

● **만드는 법**

1. 소서형 샴페인 글라스에 큐브 아이스 2~3개를 넣고 잔을 차갑게 한다.
2. 쉐이커에 큐브 아이스 4~5개를 넣고 위의 재료를 순서대로 넣은 후 스트레이너와 캡을 정확히 닫은 후 쉐이커를 약 10회정도 흔들어 준다.
3. 소서형 샴페인 글라스에 있는 큐브 아이스를 비운 후 쉐이커에 캡을 열고 스트레이너를 이용하여 칵테일의 얼음을 거르며 따라 준다.

칵테일 이야기

그래스하퍼는 '메뚜기', '여치'란 말로, 빛깔이 엷은 녹색인 데서 그 이름이 만들어 진 것이다. 크림드민트 그린의 시원한 향기와 크림드카카오 화이트의 달콤한 맛에 우유를 더하여 디저트용 칵테일이다.

Apricot

재료(Ingredient)

애프리콧 플레이버드 브랜디(Apricot Flavored
Brandy) 45ml

드라이 진(Dry Gin) 1tsp

레몬 주스(Lemon Juice) 15ml

오렌지 주스(Orange Juice) 15ml

기법(Method) 흔들기(Shake)

글라스(Glass) 칵테일 글라스(Cocktail Glass)

가니쉬(Garnish) 없음

● 만드는 법

1. 칵테일 글라스에 큐브 아이스 2~3개를 넣고 잔을 차갑게 한다.

2. 쉐이커에 큐브 아이스 4~5개를 넣고 위의 재료를 순서대로 넣은 후 스트레이너와 캡을
   정확히 닫은 후 쉐이커를 약 10회정도 흔들어 준다.

3. 칵테일 글라스에 있는 큐브 아이스를 비운 후 쉐이커에 캡을 열고 스트레이너를 이용하
   여 칵테일의 얼음을 거르며 따라 준다.

칵테일 이야기

향기가 강한 리큐어인 애프리콧브랜디를 베이스로 새콤하고 달콤한 레몬과 오렌지
주스를 사용한 칵테일이다. 살구 풍미가 그대로 살아있는 심플한 칵테일로 달콤하고
상큼한 맛이 살아있는 숏드링크 칵테일이다.

8. WINE BASE COCKTAIL
Kir

재료(Ingredient)

화이트 와인(White Wine) 90ml

크램 드 카시스(Creme De Cassis) 15ml

기법(Method) 직접넣기(Build)

글라스(Glass) 화이트 와인 글라스(White Wine Glass)

가니쉬(Garnish) 레몬 필 트위스트(Twist of Lemon peel)

● 만드는 법

1. 화이트 와인 글라스에 위의 재료를 순서대로 넣은 후 바 스푼을 이용하여 내용물을 3~4회 저어준다.

2. 레몬 필 트위스트로 칵테일에 장식해 준다.

칵테일 이야기

키르 칵테일(Kir cocktail)은 제 2차 세계대전 후 프랑스의 부르고뉴 지방의 시장을 역임한 '캬농펠리스 키르' 라는 사람의 이름에서 유래되었다. 와인의 고향인 프랑스에서 태어난 식전주이며 부르고뉴산의 화이트와인과 디종시 특산의 크램 드 카시스를 사용하는 디종시의 공식 리셉션수이며 특히 스키마니아들이 낳이 애용하는 와인칵테일이다. 화이트와인 대신 샴페인이나 스파클링 와인을 첨가한다면 '키르 로얄(Kir Royal)' 칵테일이 된다.

재료(Ingredient)

감홍로(Gam Hong Ro) 40도 45ml

베네디틴 디오엠(Benedictine DOM) 10ml

크렘 드 카시스(Creme De Cassis) 10ml

스위트 앤 사워 믹스(Sweet&Sour Mix) 10ml

기법(Method) 흔들기(Shake)

글라스(Glass) 칵테일 글라스(Cocktail Glass)

가니쉬(Garnish) 레몬 필 트위스트(Twist of Lemon peel)

● **만드는 법**

1. 칵테일 글라스에 큐브 아이스 2~3개를 넣고 잔을 차갑게 한다.

2. 쉐이커에 큐브 아이스 4~5개를 넣고 위의 재료를 순서대로 넣은 후 스트레이너와 캡을
정확히 닫은 후 쉐이커를 약 10회정도 흔들어 준다.

3. 칵테일 글라스에 있는 큐브 아이스를 비운 후 쉐이커에 캡을 열고 스트레이너를 이용하
여 칵테일의 얼음을 거르며 따라 준다.

4. 레몬 필 트위스트로 칵테일에 장식해 준다.

Jindo

재료(Ingredient)

진도홍주(Jindo Hong Ju) 40도 30ml

크렘 드 민트 화이트 Creme De Menthe White 15ml

청포도 주스(White Grape Juice) 22.5ml

라즈베리 시럽(Raspberry Syrup) 15ml

기법(Method) 흔들기(Shake)

글라스(Glass) 칵테일 글라스(Cocktail Glass)

가니쉬(Garnish) 없음

● **만드는 법**

1. 칵테일 글라스에 큐브 아이스 2~3개를 넣고 잔을 차갑게 한다.

2. 쉐이커에 큐브 아이스 4~5개를 넣고 위의 재료를 순서대로 넣은 후 스트레이너와 캡을
    정확히 닫은 후 쉐이커를 약 10회정도 흔들어 준다.

3. 칵테일 글라스에 있는 큐브 아이스를 비운 후 쉐이커에 캡을 열고 스트레이너를 이용하
    여 칵테일의 얼음을 거르며 따라 준다.

Puppy Love

재료(Ingredient) 안동소주(Andong Soju) 35도 30ml

트리플 섹(Triple Sec) 10ml

애플 퍼커(Apple Pucker) 30ml

라임 주스(Lime Juice) 10ml

기법(Method) 흔들기(Shake)

글라스(Glass) 칵테일 글라스(Cocktail Glass)

가니쉬(Garnish) 슬라이스 사과(A Slice of Apple)

● 만드는 법

1. 칵테일 글라스에 큐브 아이스 2~3개를 넣고 잔을 차갑게 한다.
2. 쉐이커에 큐브 아이스 4~5개를 넣고 위의 재료를 순서대로 넣은 후 스트레이너와 캡을
   정확히 닫은 후 쉐이커를 약 10회정도 흔들어 준다.
3. 칵테일 글라스에 있는 큐브 아이스를 비운 후 쉐이커에 캡을 열고 스트레이너를 이용하
   여 칵테일의 얼음을 거르며 따라 준다.
4. 슬라이스 사과를 칵테일에 장식해 준다.

Geumsan

재료(Ingredient)

금산 인삼주(Geumsan Insamju) 43도 45ml

커피 리큐어(Coffee Liqueur) 15ml

애플 퍼커(Apple Pucker) 15ml

라임 주스(Lime Juice) 1tsp

기법(Method) 흔들기(Shake)

글라스(Glass) 칵테일 글라스(Cocktail Glass)

가니쉬(Garnish) 없음

● 만드는 법

1. 칵테일 글라스에 큐브 아이스 2~3개를 넣고 잔을 차갑게 한다.

2. 쉐이커에 큐브 아이스 4~5개를 넣고 위의 재료를 순서대로 넣은 후 스트레이너와 캡을
정확히 닫은 후 쉐이커를 약 10회정도 흔들어 준다.

3. 칵테일 글라스에 있는 큐브 아이스를 비운 후 쉐이커에 캡을 빼고 스트레이너를 이용하
여 칵테일의 얼음을 거르며 따라 준다.

Gochang

재료(Ingredient)

선운산 복분자 와인(Sunwoonsan bokbunja Wine) 60ml

꼬엥뜨로 또는 트리플 섹(Cointreau or Triple Sec) 15ml

스프라이트 또는 사이다(Sprite or Cider) 60ml

기법(Method)

휘젓기(Stir)/직접넣기(Build)

글라스(Glass)

플루트형 샴페인 글라스(Flute Champagne Glass)

가니쉬(Garnish)

오렌지필 트위스트(Twist of Orange peel)

● **만드는 법**

1. 플루트형 샴페인 글라스를 준비한다.

2. 믹싱글라스에 큐브 아이스 4~5개를 넣고 사이다를 제외한 나머지 재료를 순서대로 넣은
   후 바 스푼을 이용하여 내용물을 3~4회 저어준다.

3. 스트레이너를 이용하여 믹싱 글라스에 있는 카테인이 얼음을 거르머 내용물만 준비된 글
   라스에 따라 준다.

4. 사이다 2oz를 넣어주고 오렌지필 트위스트로 킥테일에 장식해준다.

PART 14 조주기능사 기출문제 & 출제기준

조주기능사 자격증 정보

1. 개요
주주에 관한 숙련기능을 가지고 조주작업과 관련되는 업무를 수행할 수 있는 전문인력을 양성하고자 자격제도 제정

2. 수행직무
주류, 음료류, 다류 등에 대한 재료 및 제법의 지식을 바탕으로 칵테일을 조주하고 호텔과 외식업체의 주장관리, 고객관리, 고객서비스, 경영관리, 케이터링 등의 업무를 수행

3. 실시기관 홈페이지
http://www.q-net.or.kr

4. 실시기관명
한국산업인력공단

5. 시험 수수료
-필기 : 11,500
-실기 : 26,200

6. 시험과목
-필기 : 1. 양주학개론 2. 주장관리개론
　　　　3. 기초영어
-필기 : 칵테일조주작업

7. 검정방법
-필기 : 객관식 4지 택일형, 60문항(60분)
-실기 : 작업형(7분 내외)

8. 합격기준
100점 만점에 60점 이상

9. 응시자격
제한없음

출제기준(필기)

직무 분야	음식서비스	중직무 분야	조리	자격 종목	조주기능사	적용 기간	2013. 1. 1 ~ 2017. 12. 31

○직무내용 : 주류, 비주류, 다류 등 음료 전반에 대한 재료 및 제법의 지식을 바탕으로 칵테일을 조주하고 호텔과 외식업체의 주장관리, 고객관리, 고객서비스, 경영관리, 케이터링 등의 업무를 수행하는 직무

필기검정방법	객관식	문제수	60	시험시간	1시간

필기과목명	문제수	주요항목	세부항목	세세항목
양주학개론, 주장관리개론, 기초영어	60	1. 음료론	1. 음료의 개념	1. 음료의 개념
			2. 음료의 역사	1. 음료의 역사
			3. 음료의 분류	1. 음료의 분류
		2. 양조주	1. 양조주의 개념	1. 양조주의 개념
			2. 양조주의 분류 및 특징	1. 양조주의 분류 및 특징 2. 양조주의 제조방법
			3. 와인	1. 각국 와인의 특징 2. 각국 와인의 등급 3. 각종 와인의 제조방법
			4. 맥주	1. 각국 맥주의 특징 2. 맥주의 제조방법
		3. 증류주	1. 증류주의 개념	1. 증류주의 개념
			2. 증류주의 분류 및 특징	1. 증류주의 분류 및 특징 2. 증류주의 제조방법
		4. 혼성주	1. 혼성주의 개념	1. 혼성주의 개념
			2. 혼성주의 분류 및 특징	1. 혼성주의 분류 및 특징 2. 혼성주의 제조방법
		5. 전통주	1. 전통주의 특징	1. 전통주의 역사와 특징
			2. 지역별 전통주	1. 지역별 전통주의 종류, 특징 및 제조법
		6. 비알코올성 음료	1. 기호음료	1. 차 2. 커피
			2. 영양음료	1. 과실·채소 등 주스류 2. 우유 및 발효음료
			3. 청량음료	1. 탄산음료 2. 무탄산음료

필기과목 명	문제수	주요항목	세부항목	세세항목
		7. 칵데일	1. 칵테일의 개론	1. 칵테일의 개론
			2. 칵테일 만드는 기법	1. 칵테일 만드는 기법
			3. 칵테일 부재료	1. 칵테일 부재료
			4. 칵테일 장식법	1. 칵테일 장식법
			5. 칵테일 잔과 기구	1. 칵테일 잔과 기구
			6. 칵테일 계량 및 단위	1. 칵테일 계량 및 단위
		8. 주장관리	1. 주장의 개요	1. 주장의 개요
			2. 주장의 조직과 직무	1. 주장의 조직과 직무
			3. 주장 운영 관리	1. 구매 2. 검수 3. 저장과 출고 4. 바의 시설과 기물관리 5. 바의 경영관리
			4. 식품위생 및 관련법규	1. 위생적인 주류 취급 방법 2. 주류판매 관련 법규
			5. 고객서비스	1. 테이블매너 2. 바 종사원의 자세 3. 주문받는 요령 4. 음료별 적정 서비스
		9. 술과 건강	1. 술과 건강	1. 술이 인체에 미치는 영향
		10. 고객서비스 영어	1. 음료	1. 양조주 2. 증류주 3. 혼성주 4. 칵테일 5. 비알코올성 음료 6. 전통주 7. 기타 주류 영어
			2. 주장 관련 영어	1. 주장 서비스 영어 2. 호텔외식관련 영어

출제기준(실기)

직무 분야	음식서비스	중직무 분야	조리	자격 종목	조주기능사	적용 기간	2013. 1. 1 ~ 2017. 12. 31

○ 직무내용 : 주류, 비주류, 다류 등 음료 전반에 대한 재료 및 제법의 지식을 바탕으로 칵테일을 조주
　　　　　하고 호텔과 외식업체의 주장관리, 고객관리, 고객서비스, 경영관리, 케이터링 등의 업무
　　　　　를 수행하는 직무
○ 수행준거 : 1. 숙련된 조주기법으로 칵테일에 필요한 알맞은 재료 및 도구를 선정할 수 있다.
　　　　　2. 칵테일의 제조에 필요한 레시피를 정확하게 숙지하여 칵테일을 만들 수 있다.
　　　　　3. 칵테일을 만드는 기구를 정확하게 사용할 수 있다.
　　　　　4. 고객에 대하여 최상의 서비스를 제공할 수 있다.
　　　　　5. 개인위생 및 주장위생을 위생적으로 관리할 수 있다.

실기검정방법	작업형	시험시간	7시간 정도

실기과목명	주요항목	세부항목	세세항목
칵테일 조주 작업	1. 칵테일 조주	1. 직접넣기 (Building)	1. 알맞은 글라스를 선택할 수 있다. 2. 알맞은 도구를 선정하여 능숙하게 다룰 수 있다. 3. 알맞은 양의 재료를 선택할 수 있다. 4. 정확한 순서로 만들 수 있다. 5. 알맞은 장식을 할 수 있다.
		2. 휘젓기 (Stirring)	1 알맞은 글라스를 선택할 수 있다 2. 알맞은 도구를 선정하여 능숙하게 다룰 수 있다. 3. 알맞은 양의 재료를 선택할 수 있다. 4. 정확한 순서로 만들 수 있다. 5. 알맞은 장식을 할 수 있다.
		3. 흔들기 (Shaking)	1. 알맞은 글라스를 선택할 수 있다. 2. 알맞은 도구를 선정하여 능숙하게 다룰 수 있다. 3. 알맞은 양의 재료를 선택할 수 있다. 4. 정확한 순서로 만들 수 있다. 5. 알맞은 장식을 할 수 있다.
		4. 블렌딩 (Blending)	1. 알맞은 글라스를 선택할 수 있다. 2. 알맞은 도구를 선정하여 능숙하게 다룰 수 있다. 3. 알맞은 양의 재료를 선택할 수 있다. 4. 정확한 순서로 만들 수 있다. 5. 알맞은 장식을 할 수 있다.

실기과목명	주요항목	세부항목	세세항목
		5. 띄우기(Floating)	1. 알맞은 글라스를 선택할 수 있다. 2. 알맞은 도구를 선정하여 능숙하게 다룰 수 있다. 3. 알맞은 양의 재료를 선택할 수 있다. 4. 정확한 순서로 만들 수 있나. 5. 알맞은 장식을 할 수 있다.
	2. 고객 서비스	1. 바른 태도로 칵테일 만들기	1. 바른 태도로 칵테일을 만들 수 있다.
		2. 위생관리하기	1. 개인위생관리 및 주장위생관리를 할 수 있다.
		3. 복장관리하기	1. 칵테일 조주 및 서비스에 적합한 복장을 갖추어야 한다.
		4. 기타 서비스 제공	1. 서비스 마인드로 고객서비스를 제공할 수 있다.

2016년 제1회 조주기능사 기출문제

1. 스파클링 와인에 해당 되지 않는 것은?
   ① Champagne
   ② Cremant
   ③ Vin doux naturel
   ④ Spumante

2. 다음 중 이탈리아 와인 등급 표시로 맞는 것은?
   ① A.O.P.
   ② D.O.
   ③ D.O.C.
   ④ QbA

3. Malt Whisky를 바르게 설명한 것은?
   ① 대량의 양조주를 연속식으로 증류해서 만든 위스키
   ② 단식 증류기를 사용하여 2회의 증류과정을 거쳐 만든 위스키
   ③ 피트탄(peat, 석탄)으로 건조한 맥아의 당액을 발효해서 증류한 피트향과 통의 향이 배인 독특한 맛의 위스키
   ④ 옥수수를 원료로 대맥의 맥아를 사용하여 당화시켜 개량솥으로 증류한 고농도 알코올의 위스키

4. Ginger ale에 대한 설명 중 틀린 것은?
   ① 생강의 향을 함유한 소다수이다.
   ② 알코올 성분이 포함된 영양음료이다.
   ③ 식욕증진이나 소화제로 효과가 있다.
   ④ Gin이나 Brandy와 조주하여 마시기도 한다.

5. 다음 중 알코올성 커피는?
   ① 카페 로얄(Cafe Royale)
   ② 비엔나 커피(Vienna Coffee)
   ③ 데미타세 커피(Demi-Tasse Coffee)
   ④ 카페오레(Cafe au Lait)

6. 다음 중에서 이탈리아 와인 키안티 클라시코(Chianti classico)와 가장 거리가 먼 것은?
   ① Gallo nero
   ② Piasco
   ③ Raffia
   ④ Barbaresco

7. 옥수수를 51% 이상 사용하고 연속식 증류기로 알코올 농도 40% 이상 80% 미만으로 증류하는 위스키는?

① Scotch Whisky　　　　　　② Bourbon Whiskey

③ Irish Whiskey　　　　　　④ Canadian Whisky

8. 사과로 만들어진 양조주는?

① Camus Napoleon　　　　　② Cider

③ Kirschwasser　　　　　　④ Anisette

9. 스트레이트 업(Straight Up)의 의미로 가장 적합한 것은?

① 술이나 재료의 비중을 이용하여 섞이지 않게 마시는 것

② 얼음을 넣지 않은 상태로 마시는 것

③ 얼음만 넣고 그 위에 술을 따른 상태로 마시는 것

④ 글라스 위에 장식하여 마시는 것

10. 약초, 향초류의 혼성주는?

① 트리플섹　　　　　　　　② 크림 드 카시스

③ 깔루아　　　　　　　　　④ 쿰멜

11. 헤네시의 등급 규격으로 틀린 것은?

① EXTRA : 15~25년　　　　② V.O : 15년

③ X.O : 45년 이상　　　　　④ V.S.O.P : 20~30년

12. 다음은 어떤 포도품종에 관하여 설명한 것인가?

> 작은 포도알, 깊은 적갈색, 두꺼운 껍질, 많은 씨앗이 특징이며 씨앗은 타닌함량을 풍부하게 하고, 두꺼운 껍질은 색깔을 깊이 있게 나타낸다. 블랙커런트, 체리, 자두 향을 지니고 있으며, 대표적인 생산지역은 프랑스 보르도 지방이다.

① 메를로(Merlot)

② 삐노 느와르(Pinot Noir)

③ 까베르네 쇼비뇽(Cabernet Sauvignon)

④ 샤르도네(Chardonnay)

13. 담색 또는 무색으로 칵테일의 기본주로 사용되는 Rum은?

① Heavy Rum　　　　　　② Medium Rum

③ Light Rum　　　　　　④ Jamaica Rum

14. 전통 민속주의 양조기구 및 기물이 아닌 것은?

① 오크통　　　　　　② 누룩고리

③ 채반　　　　　　④ 술자루

15. 세계의 유명한 광천수 중 프랑스 지역의 제품이 아닌 것은?

① 비시 생수(Vichy Water)　　② 에비앙 생수(Evian Water)

③ 셀처 생수(Seltzer Water)　　④ 페리에 생수(Perrier Water)

16. Irish Whiskey에 대한 설명으로 틀린 것은?

① 깊고 진한 맛과 향을 지닌 몰트 위스키도 포함된다.

② 피트훈연을 하지 않아 향이 깨끗하고 맛이 부드럽다.

③ 스카치 위스키와 제조과정이 동일하다.

④ John Jameson, Old Bushmills가 대표적이다.

17. 세계 4대 위스키(Whisky)가 아닌 것은?

① 스카치(Scotch)　　　　② 아이리쉬(Irish)

③ 아메리칸(American)　　④ 스패니쉬(Spanish)

18. 다음 중 연속식 증류주에 해당하는 것은?

① Pot still Whisky　　　　② Malt Whisky

③ Cognac　　　　④ Patent still Whisky

19. Benedictine의 설명 중 틀린 것은?

① B-52 칵테일을 조주할 때 사용한다.

② 병에 적힌 D.O.M은 '최선 최대의 신에게'라는 뜻이다.

③ 프랑스 수도원 제품이며 품질이 우수하다.

④ 허니문(Honeymoon)칵테일을 조주할 때 사용한다.

20. 이태리가 자랑하는 3대 리큐르(liqueur) 중 하나로 살구씨를 기본으로 여러 가지 재료를 넣어 만든 아몬드 향의 리큐르로 옳은 것은?

① 아드보카트(Advocaat)　　　　② 베네딕틴(Benedictine)

③ 아마레또(Amaretto)　　　　　④ 그랜드 마니에르(Grand Marnier)

21. 소주가 한반도에 전해진 시기는 언제인가?

① 통일신라　　　　　　　　　　② 고려

③ 조선초기　　　　　　　　　　④ 조선중기

22. 프랑스와인의 원산지 통제 증명법으로 가장 엄격한 기준은?

① DOC　　　　　　　　　　　　② AOC

③ VDQS　　　　　　　　　　　④ QMP

23. 솔레라 시스템을 사용하여 만드는 스페인의 대표적인 주정강화 와인은?

① 포트 와인　　　　　　　　　　② 쉐리 와인

③ 보졸레 와인　　　　　　　　　④ 보르도 와인

24. 리큐르(liqueur) 중 베일리스가 생산되는 곳은?

① 스코틀랜드　　　　　　　　　② 아일랜드

③ 잉글랜드　　　　　　　　　　④ 뉴질랜드

25. 다음 중 스타일이 다른 맛의 와인이 만들어 지는 것은?

① late harvest　　　　　　　　② noble rot

③ ice wine　　　　　　　　　　④ vin mousseux

26. 커피의 3대 원종이 아닌 것은?

① 로부스타종　　　　　　　　　② 아라비카종

③ 인디카종　　　　　　　　　　④ 리베리카종

27. 주류와 그에 대한 설명으로 옳은 것은?

① absinthe - 노르망디 지방의 프랑스산 사과 브랜디

② campari - 주정에 향쑥을 넣어 만드는 프랑스산 리큐르

③ calvados - 이탈리아 밀라노에서 생산되는 와인

④ chartreuse - 승원(수도원)이라는 뜻을 가진 리큐르

28. 브랜디의 제조공정에서 증류한 브랜디를 열탕 소독한 White oak Barrel에 담기 전에 무엇을 채워 유해한 색소나 이물질을 제거 하는가?

① Beer
② Gin
③ Red Wine
④ White Wine

29. 양조주의 제조방법 중 포도주, 사과주 등 주로 과실주를 만드는 방법으로 만들어진 것은?

① 복발효주
② 단발효주
③ 연속발효주
④ 병행발효주

30. 우유의 살균방법에 대한 설명으로 가장 거리가 먼 것은?

① 저온 살균법 : 50℃에서 30분 살균
② 고온 단시간 살균법 : 72℃에서 15초 살균
③ 초고온 살균법 : 135~150℃에서 0.5~5초 살균
④ 멸균법 : 150℃에서 2.5~3초 동안 가열 처리

31. 맥주의 보관에 대한 내용으로 옳지 않은 것은?

① 장기 보관할수록 맛이 좋아진다.
② 맥주가 얼지 않도록 보관한다.
③ 직사광선을 피한다.
④ 적정온도(4~10℃)에 보관한다.

32. 바텐더가 bar에서 glass를 사용할 때 가장 먼저 체크하여야 할 사항은?

① glass의 가장자리 파손 여부
② glass의 청결 여부
③ glass의 재고 여부
④ glass의 온도 여부

33. 우리나라에서 개별소비세가 부과되지 않는 영업장은?

① 단란주점
② 요정
③ 카바레
④ 나이트클럽

34. 칵테일 글라스의 3대 명칭이 아닌 것은?

① bowl
② cap
③ stem
④ base

35. 칵테일 서비스 진행 절차로 가장 적합한 것은?

① 아이스 페일을 이용해서 고객의 요구대로 글라스에 얼음을 넣는다.

② 먼저 커팅보드 위에 장식물과 함께 글라스를 놓는다.

③ 칵테일 용 냅킨을 고객의 글라스 오른쪽에 놓고 젓는 막대를 그 위에 놓는다.

④ 병술을 사용할 때는 스토퍼를 이용해서 조심스럽게 따른다.

36. 오크통에서 증류주를 보관할 때의 설명으로 틀린 것은?

① 원액의 개성을 결정해 준다.

② 천사의 몫(Angel's share) 현상이 나타난다.

③ 색상이 호박색으로 변한다.

④ 변화 없이 증류한 상태 그대로 보관된다.

37. Blending 기법에 사용하는 얼음으로 가장 적당한 것은?

① lumped ice   ② crushed ice

③ cubed ice   ④ shaved ice

38. 비터류(bitters)가 사용되지 않는 칵테일은?

① Manhattan   ② Cosmopolitan

③ Old Fashioned   ④ Negroni

39. Bock beer에 대한 설명으로 옳은 것은?

① 알코올 도수가 높은 흑맥주   ② 알코올 도수가 낮은 담색 맥주

③ 이탈리아산 고급 흑맥주   ④ 제조 12시간 이내의 생맥주

40. 탄산음료나 샴페인을 사용하고 남은 일부를 보관할 때 사용하는 기구로 가장 적합한 것은?

① 코스터   ② 스토퍼

③ 폴러   ④ 코르크

41. 영업 형태에 따라 분류한 bar의 종류 중 일반적으로 활기차고 즐거우며 조금은 어둡지만 따뜻하고 조용한 분위기와 가장 거리가 먼 것은?

① Western bar   ② Classic bar

③ Modern bar   ④ Room bar

42. 칼바도스(Calvados)는 보관온도 상 다음 품목 중 어떤 것과 같이 두어도 좋은가?

① 백포도중   ② 샴페인

③ 생맥주   ④ 코냑

43. 칵테일 Kir Royal의 레시피(receipe)로 옳은 것은?

① Champagne + Cacao   ② Champagne + Kahlua

③ Wine + Cointreau   ④ Champagne + Creme de Cassis

44. 소프트 드링크(soft drink) 디캔터(decanter)의 올바른 사용법은?

① 각종 청량음료(soft drink)를 별도로 담아 나간다.

② 술과 같이 혼합하여 나간다.

③ 얼음과 같이 넣어 나간다.

④ 술과 얼음을 같이 넣어 나간다.

45. Red cherry가 사용되지 않는 칵테일은?

① Manhattan   ② Old Fashioned

③ Mai-Tai   ④ Moscow Mule

46. 고객이 위스키 스트레이트를 주문하고, 얼음과 함께 콜라나 소다수, 물 등을 원하는 경우 이를 제공하는 글라스는?

① wine decanter   ② cocktail decanter

③ Collins glass   ④ cocktail glass

47. 스카치 750mL 1병의 원가가 100000원 이고 평균원가율을 20%로 책정했다면 스카치 1잔의 판매가격은?

① 10000원   ② 15000원

③ 20000원   ④ 25000원

48. 일반적인 칵테일의 특징으로 가장 거리가 먼 것은?

① 부드러운 맛   ② 분위기의 증진

③ 색, 맛, 향의 조화   ④ 항산화, 소화증진 효소 함유

49. 휘젓기(stirring) 기법을 할 때 사용하는 칵테일 기구로 가장 적합한 것은?

① hand shaker   ② mixing glass

③ squeezer   ④ jigger

50. 용량 표시가 옳은 것은?

① 1 tea spoon = 1/32 oz

② 1 pony = 1/2 oz

③ 1 pint = 1/2 quart

④ 1 table spoon = 1/32 oz

51. Three factors govern the appreciation of wine. Which of the following does not belong to them?

① Color

② Aroma

③ Taste

④ Touch

52. "당신은 손님들에게 친절해야 한다."의 표현으로 가장 적합한 것은?

① You should be kind to guest.

② You should kind guest.

③ You'll should be to kind to guest.

④ You should do kind guest.

53. '한잔 더 주세요.' 라는 의미의 표현으로 가장 적합한 것은?

① I'd like other drink.

② I'd like to have another drink.

③ I want one more wine.

④ I'd like to have the other drink.

54. Which of the following is the right beverage in the blank?

B : Here you are. Drink it While it's hot.

G : Um... nice. What pretty drink are you mixing there?

B : Well, it's for the lady in that corner.

　　 It is a "_____", and it is made from several liqueurs.

G : Looks like a rainbow. How do you do that?

B : Well, you pour it in carefully. Each liquid has a different weight, so

they sit on the top of each other without mixing.

① Pousse cafe

② Cassis Frappe

③ June Bug

④ Rum Shrub

55. 바텐더가 손님에게 처음 주문을 받을 때 사용할 수 있는 표현으로 가장 적합한 것은?

① What do you recommend?

② Would you care for a drink?

③ What would you like with that?

④ Do you have a reservation?

56. Which one is the right answer in the blank?

> B : Good evening, sir. What Would you like?
>
> G : What kind of (   ) have you got?
>
> B : We've got our own brand, sir. Or I can give you an rye, a bourbon or a malt
>
> G : I'll have a malt. A double, please
>
> B : Certainly, sir. Would you like any water or ice with it?
>
> G : No water, thank you, That spoils it. I'll have just one lump of ice.
>
> B : one lump, sir. Certainly.

① Wine   ② Gin

③ Whiskey   ④ Rum

57. 'Are you free this evening?'의 뜻은?

① 이것은 무료입니까?   ② 오늘밤에 시간 있으십니까?

③ 오늘밤에 만나시겠습니까?   ④ 오늘밤에 개점합니까?

58. (   ) 안에 들어갈 알맞은 것은?

> I don't know what happened at the meeting because I wasn't able to (   ).

① decline   ② apply

③ depart   ④ attend

59. Which one is not made from grapes?

① Cognac   ② Calvados

③ Armagnac   ④ Grappa

60. 다음 (   ) 안에 알맞은 것은?

> (   ) must have juniper berry flavor and can be made either by distillation or re—distillation.

① Whisky   ② Rum

③ Tequila   ④ Gin

정답

1	2	3	4	5	6	7	8	9	10	11	12	13	14	15
③	③	③	②	①	④	②	②	②	④	①	③	③	①	③
16	17	18	19	20	21	22	23	24	25	26	27	28	29	30
③	④	④	①	③	②	②	②	②	④	③	④	④	②	①
31	32	33	34	35	36	37	38	39	40	41	42	43	44	45
①	①	①	②	③	④	②	②	①	②	①	④	④	①	④
46	47	48	49	50	51	52	53	54	55	56	57	58	59	60
②	③	④	②	③	④	①	②	①	②	③	②	④	②	④

2016년 제2회 조주기능사 기출문제

1. 다음 중 스카치 위스키(Scotch Whisky)가 아닌 것은?

① Crown Royal ② White Horse

③ Johnnie Walker ④ Chivas Regal

2. 다음 중 아메리칸 위스키(American Whisky)가 아닌 것은?

① Jim Beam ② Wild Whisky

③ John Jameson ④ Jack Daniel

3. 다음 중 증류주는?

① Vermouth ② Champagne

③ Sherry Wine ④ Light Rum

4. 포도 품종의 그린 수확(Green Harvest)에 대한 설명으로 옳은 것은?

① 수확량을 제한하기 위한 수확 ② 청포도 품종 수확

③ 완숙한 최고의 포도 수확 ④ 포도원의 잡초제거

5. 보르도 지역의 와인이 아닌 것은?

① 샤블리 ② 메독

③ 마고 ④ 그라브

6. 프랑스에서 생산되는 칼바도스(Calvados)는 어느 종류에 속하는가?

① Brandy ② Gin

③ Wine ④ Whisky

7. 원료인 포도주에 브랜디나 당분을 섞고 향료나 약초를 넣어 향미를 내어 만들며 이탈리아산이 유명한 것은?

① Manzanilla ② Vermouth

③ Stout ④ Hock

8. 다음 중 Aperitif Wine으로 가장 적합한 것은?

① Dry Sherry Wine ② White Wine

③ Red Wine ④ Port Wine

9. 혼성주의 종류에 대한 설명 중 틀린 것은?

① 아드보카트(Advocaat)는 브랜디에 계란노른자와 설탕을 혼합하여 만들었다.

② 드람브이(Drambuie)는 "사람을 만족시키는 음료"라는 뜻을 가지고 있다.

③ 아르마냑(Armagnac)은 체리향을 혼합하여 만든 술이다.

④ 깔루아(Kahlua)는 증류주에 커피를 혼합하여 만든 술이다.

10. 혼성주 제조방법인 침출법에 대한 설명 중 틀린 것은?

① 맛과 향이 알코올에 쉽게 용해되는 원료일 때 사용한다.

② 과실 및 향료를 기주에 담가 맛과 향이 우러나게 하는 방법이다.

③ 원료를 넣고 밀봉한 후 수개월에서 수년간 장기 숙성시킨다.

④ 맛과 향이 추출되면 여과한 후 블렌딩하여 병입한다.

11. 보졸레 누보 양조과정의 특징이 아닌 것은?

① 기계수확을 한다.

② 열매를 분리하지 않고 송이채 밀폐된 탱크에 집어넣는다.

③ 발효 중 CO_2의 영향을 받아 산도가 낮은 와인이 만들어진다.

④ 오랜 숙성 기간 없이 출하한다.

12. 맥주의 원료로 알맞지 않은 것은?

① 물   ② 피트

③ 보리   ④ 호프

13. 원산지가 프랑스인 술은?

① Absinthe   ② Curacao

③ Kahlua   ④ Drambuie

14. 상면발효 맥주로 옳은 것은?

① Bock Beer   ② Budweiser Beer

③ Porter Beer   ④ Asahi Beer

15. Hop에 대한 설명 중 틀린 것은?

① 자웅이주의 숙근 식물로서 수정이 안 된 암꽃을 사용한다.

② 맥주의 쓴 맛과 향을 부여한다.

③ 거품의 지속성과 항균성을 부여한다.

④ 맥아즙 속의 당분을 분해하여 알코올과 탄산가스를 만드는 작용을 한다.

16. 다음에서 설명하는 것은?

> – 북유럽 스칸디나비아 지방의 특산주로 어원은 생명의 물이라는 라틴어에서 온 말이다.
> – 제조과정은 먼저 감자를 익혀서 으깬 감자와 맥아를 당화, 발효시켜 증류시킨다
> – 연속증류기로 95%의 고농도 알코올을 얻은 다음 물로 희석하고 회향초 씨나 박하, 오렌지 껍질 등 여러 가지 종류의 허브로 향기를 착향시킨 술이다.

① Vodka   ② Rum

③ Aquavit   ④ Brandy

17. 프랑스에서 사과를 원료로 만든 증류주인 Apple Brandy는?

① Cognac   ② Calvados

③ Armagnac   ④ Camus

18 과실음료가 아닌 것은?

① 토마토주스   ② 천연과즙주스

③ 희석과즙음료   ④ 과립과즙음료

19. 우리나라 전통주 중에서 약주가 아닌 것은?

① 두견주   ② 한산 소국주

③ 칠선주   ④ 문배주

20. 혼성주에 해당하는 것은?

① Armagnac   ② Corn Whisky

③ Cointreau   ④ Jamaican Rum

21. 차를 만드는 방법에 따른 분류와 대표적인 차의 연결이 틀린 것은?

① 불발효차 - 보성녹차   ② 반발효차 - 오룡차

③ 발효차 - 다즐링차   ④ 후발효차 - 쟈스민차

22. 소다수에 대한 설명으로 틀린 것은?

① 인공적으로 이산화탄소를 첨가한다

② 약간의 신맛과 단맛이 나며 청량감이 있다.

③ 식욕을 돋우는 효과가 있다.

④ 성분은 수분과 이산화탄소로 칼로리는 없다.

23. 다음에서 설명되는 우리나라 고유의 술은?

> 엄격한 법도에 의해 술을 담근다는 전통주로 신라시대부터 전해오는 유상곡수(流觴曲水)
> 라 하여 주로 상류계급에서 즐기던 것으로 중국 남방술인 사오싱주보다 빛깔은 조금 희고
> 그 순수한 맛이 가히 일품이다.

① 두견주   ② 인삼주

③ 감홍로주   ④ 경주교동법주

24. 레몬쥬스, 슈가시럽, 소다수를 혼합한 것으로 대용할 수 있는 것은?

① 진저엘   ② 토닉워터

③ 칼린스 믹스   ④ 사이다

25. 테킬라(Tequila)가 아닌 것은?

① Cuervo   ② El Toro

③ Sambuca   ④ Sauza

26. 각 국가별 부르는 적포도주의 연결이 틀린 것은?

① 프랑스 - Vim Rouge   ② 이태리 - Vino Rosso

③ 스페인 - Vino Rosado   ④ 독일 - Rotwein

27. 다음 중 그 종류가 다른 하나는?

① Vienna Coffee   ② Cappuccino Coffee

③ Espresso Coffee   ④ Irish Coffee

28. 스카치 위스키의 5가지 법적 분류에 해당하지 않는 것은?

① 싱글 몰트 스카치 위스키   ② 블렌디드 스카치 위스키

③ 블렌디드 그레인 스카치 위스키 ④ 라이 위스키

29. Sparkling Wine이 아닌 것은?

① Asti Spumante   ② Sekt

③ Vin mousseux   ④ Troken

30. 음료의 역사에 대한 설명 중 틀린 것은?

① 기원전 6000년 경 바빌로니아 사람들은 레몬과즙을 마셨다.

② 스페인 발렌시아 부근의 동굴에서는 탄산가스를 발견해 마시는 벽화가 있었다.

③ 바빌로니아 사람들은 밀빵이 물에 젖어 발효된 맥주를 발견해 음료로 즐겼다.

④ 중앙아시아 지역에서는 야생의 포도가 쌓여 자연 발효된 포도주를 음료로 즐겼다.

31. 칵테일 레시피(Recipe)를 보고 알 수 없는 것은?

① 칵테일의 색깔   ② 칵테일의 판매량

③ 칵테일의 분량   ④ 칵테일의 성분

32. 내열성이 강한 유리잔에 제공되는 칵테일은?

① Grasshopper   ② Tequila Sunrise

③ New York   ④ Irish Coffee

33. 에스프레소 추출 시 너무 진한 크레마(Dark Crema)가 추출되었을 때 그 원인과 거리가 먼 것은?

① 물의 온도가 95℃ 보다 높은 경우

② 펌프압력이 기준 압력보다 낮은 경우

③ 포터필터의 구멍이 너무 큰 경우

④ 물 공급이 제대로 안 되는 경우

34. 칵테일을 만드는 데 필요한 기물이 아닌 것은?

① Cork Screw   ② Mixing Glass

③ Shaker   ④ Bar Spoon

35. 다음 중 주장 종사원(Waiter/Waitness)의 주요 임무는?

① 고객이 사용한 기물과 빈 잔을 세척한다.

② 칵테일의 부재료를 준비한다.

③ 창고에서 주장(Bar)에서 필요한 물품을 보급한다.

④ 고객에게 주문을 받고 주문받은 음료를 제공한다.

36. 바람직한 바텐더(Bartender) 직무와 거리가 먼 것은?

① 바(Bar) 내에 필요한 물품 재고를 항상 파악한다.

② 일일 판매할 주류가 적당한지 확인한다.

③ 바(Bar)의 환경 및 기물 등의 청결을 유지, 관리한다.

④ 칵테일 조주 시 지거(Jigger)를 사용하지 않는다.

37. Glass 관리방법 중 틀린 것은?

① 알맞은 Rack에 담아서 세척기를 이용하여 세척한다.

② 닦기 전에 금이 가거나 깨진 것이 없는 지 먼저 확인한다.

③ Glass의 Steam부분을 시작으로 돌려서 닦는다.

④ 물에 레몬이나 에스프레소 1잔을 넣으면 Glass의 잡냄새가 제거된다.

38. Extra Dry Martini는 Dry Vermouth를 어느 정도 넣어야 하는가?

① 1/4 oz   ② 1/3 oz

③ 1 oz   ④ 2 oz

39. Gibson에 대한 설명으로 틀린 것은?

① 알코올 도수는 약 36도에 해당된다.

② 베이스는 Gin이다.

③ 칵테일 어니언(Onion)으로 장식한다.

④ 기법은 Shaking이다.

40. 칵테일 상품의 특성과 가장 거리가 먼 것은?

① 대량 생산이 가능하다.   ② 인적 의존도가 높다.

③ 유통 과정이 없다.   ④ 반품과 재고가 없다.

41. 바의 한 달 전체 매출액이 1000만원이고 종사원에게 지불된 모든 급료가 300만원이라면 이 바의 인건비율은?

① 10%   ② 20%

③ 30%   ④ 40%

42. 샴페인 1병을 주문한 고객에게 샴페인을 따라주는 방법으로 옳지 않은 것은?

① 샴페인은 글라스에 서브할 때 2번에 나눠서 따른다.

② 샴페인의 기포를 눈으로 충분히 즐길 수 있게 따른다.

③ 샴페인은 글라스의 최대 절반정도까지만 따른다.

④ 샴페인을 따를 때에는 최대한 거품이 나지 않게 조심해서 따른다.

43. 다음 칵테일 중에서 Cherry로 장식하지 않는 것은?

① Angel's Kiss   ② Manhattan

③ Rob Roy   ④ Martini

44. 칵테일에 사용되는 Garnish에 대한 설명으로 옳은 것은?

① 과일만 사용이 가능하다.

② 꽃이 화려하고 향기가 많이 나는 것이 좋다.

③ 꽃가루가 많은 꽃은 더욱 운치가 있어서 잘 어울린다.

④ 과일이나 허브향이 나는 잎이나 줄기가 적합하다.

45. 다음 칵테일 중에서 가장 영양분이 많은 것은?

① Brandy Eggnog ② Gibson

③ Bacardi ④ Olympic

46. 다음 중 1oz 당 칼로리가 가장 높은 것은? (각 주류의 일반적인 도수를 감안 할 때)

① Red Wine ② Champagne

③ Liqueur ④ White Wine

47. 네그로니(Negroni) 칵테일의 조주 시 재료로 가장 적합한 것은?

① Rum 3/4oz, Sweet Vermouth 3/4oz, Campari 3/4oz, Twist of Lemon Peel

② Dry Gin 3/4oz, Sweet Vermouth 3/4oz, Campari 3/4oz, Twist of Lemon Peel

③ Dry Gin 3/4oz, Dry Vermouth 3/4oz, Campari 3/4oz, Twist of Lemon Peel

④ Tequila 3/4oz, Sweet Vermouth 3/4oz, Campari 3/4oz, Twist of Lemon Peel

48. 다음 중 장식이 필요 없는 칵테일은?

① 김렛 (Gimlet) ② 시브리즈 (Seabreeze)

③ 올드 패션 (Old Fashioned) ④ 싱가폴 슬링 (Singapore Sling)

49. 주장(Bar)에서 주문받는 방법 중 틀린 것은?

① 손님의 연령이나 성별을 고려한 음료를 추천하는 것은 좋은 방법이다.

② 추가 주문은 고객이 한잔을 다 마시고 나면 최대한 빠른 시간에 여쭤 본다.

③ 위스키와 같은 알코올 도수가 높은 술을 주문받을 때에는 안주류도 함께 여쭤 본다.

④ 2명 이상의 외국인 고객의 경우 반드시 영수증을 하나로 할지, 개인별로 따로 할지 여쭤본다.

50. Gibson을 조주할 때 Garnish는?

① Olive ② Cherry

③ Onion ④ Lime

51. "우리 호텔을 떠나십니까?"의 올바른 표현은?

① Do you start our hotel?

② Are you leave to our hotel?

③ Are you leaving our hotel?

④ Do you go our hotel?

52. 다음의 (   )안에 들어갈 적합한 것은?

> W : Good evening Mr. Carr.
>
> How are you this evening?
>
> G : Fine, And you Mr. Kim
>
> W : Very well, Thank you.
>
> What would you like to try tonight?
>
> G : (   )
>
> W : A whisky, No ice, No water. Am I correct?
>
> G : Fantastic!

① Just one For my health, please.

② One for the road.

③ I'll stick to my usual.

④ Another one please.

53. 다음 (   )안에 알맞은 단어와 아래의 상황 후 Jenny가 Kate에게 할 말의 연결로 가장 적합한 것은?

> Jenny comes back with a magnum and glasses carried by a barman. She sets the glasses while he barman opens the bottle. There is a loud "(   )" and the cork hits Kate who jumps up with a cry. The champagne spills all over the carpet.

① Peep - Good luck to you.

② Ouch - I am sorry to hear that.

③ Tut - How awful!

④ Pop - I am very sorry. I do hope you are not hurt.

54. 다음 문장의 밑줄_____에 들어갈 가장 적합한 것은?

> I'm sorry to have _____ you waiting.

① Kept   ② Made
③ Put   ④ Had

55. Which one is not aperitif cocktail?

① Dry Martini   ② Kir
③ Campari Orange   ④ Grasshopper

56. 다음 (　　)안에 적합한 것은?

> (　　　　) is distilled spirits from the fermented juice of sugarcane or other sugarcane by-products.

① Whisky   ② Vodka
③ Gin   ④ Rum

57. There are basic direction of wine service. Select the one which is not belong to them in the following?

① Filling four-fifth of red wine into the glass.
② Serving the red wine with room temperature.
③ Serving the white wine with condition of 8~12℃.
④ Showing the guest the label of wine before service.

58. Which one is not distilled beverage in the following?

① Gin   ② Calvados
③ Tequila   ④ Cointreau

59. 다음 문장에서 의미하는 것은?

> This is produced in Italy and made with apricot and almond.

① Amaretto   ② Absinthe
③ Anisette   ④ Angelica

60. 다음 문장의 밑줄 _____에 들어갈 가장 적합한 것은?

> A : Good evening, Sir
>
> B : Could you show me the wine list?
>
> A : Here you are, Sir. This week is the promotion week of _____.
>
> B : O.K. I'll try it.

① Stout

② Calvados

③ Glenfiddich

④ Beaujolais Nouveau

정 답														
1	2	3	4	5	6	7	8	9	10	11	12	13	14	15
③	③	④	①	①	①	②	①	③	①	①	②	①	③	④
16	17	18	19	20	21	22	23	24	25	26	27	28	29	30
③	②	①	④	①	④	②	④	③	③	③	④	④	④	②
31	32	33	34	35	36	37	38	39	40	41	42	43	44	45
②	④	③	①	④	④	③	①	④	①	③	④	④	④	①
46	47	48	49	50	51	52	53	54	55	56	57	58	59	60
③	②	①	②	③	③	③	④	①	④	④	①	④	①	④

참고문헌

- Kazuo Uyeda, Cocktail Techniques
- Gary Regan, The Joy of Mixology
- Dale DeGroff, The Essential Cocktail
- Robert Hess, The Essential Bartender's Guide
- Jim Meehan, The PDT Cocktail Book
- Harry Craddock, The Savoy Cocktail Book
- Scott Beattie, Artisanla Cocktail
- Brad Thomas Parsons, Bitters
- Richard Barnett, The Book of Gin
- www.bittermens.com
- www.angostura.com
- www.thebostonshaker.com
- www.the-bitter-truth.com
- www.diffordsguide.com
- 성중용, 명주수첩, 우듬지, 2013
- 장동은, 스카치 위스키 바이블, 워크 컴퍼니, 2014
- 이석현, 우리술 조주사 쉽게 따기, 베버리지출판사, 2016
- 류인수, 한국 전통주 교과서, 교문사, 2016
- 장동은, Stylish 칵테일, 중앙 books, 2008

▨ 저자 소개

원홍석

세종대학교 관광대학원 호텔관광경영학과 석사
세종대학교 일반대학원 호텔관광경영학과 박사과정
서울 그랜드하얏트호텔 식음료부 근무(1996~2007)
한국관광대학교 외래교수
숭의여자대학교 겸임교수
현) 서울현대전문학교 호텔바텐더&와인소믈리에 전공 교수(2010~현재)
현) 한국소믈리에학회(KSS) 이사
현) 한국바텐더협회(KABA) 칵테일분과 위원장
현) 한국산업인력공단 조주기능사자격증 필기출제 및 실기평가위원
현) 한국바텐더협회(KABA) 소믈리에, 우리술 조주사 자격증 평가위원
현) 국가직무능력표준개발(NCS) 소믈리에 분야 개발 전문가
현) NCS 바텐더, 소믈리에 분야 개발 및 검증위원

〈수상내역〉
2012~2018년 국제코리안컵 칵테일대회 7년 연속 우승(장관상)지도
2018년 룩세코리안컵 칵테일대회 1~8위 수상지도
2017년 국제코리안컵 칵테일대회 1, 3, 4위 수상지도/국회의원상 수상
2016년 국제코리안컵 칵테일대회 1, 2, 3, 4, 6, 7, 8위 수상지도
2015년 국제코리안컵 칵테일대회 1, 3, 4, 6위 수상지도
2014년 국제코리안컵 칵테일대회 1, 3, 4, 5위 수상지도
2013년 국제코리안컵 칵테일대회 1, 2위 수상지도
2012년 국제코리안컵 칵테일대회 1, 2위 수상지도
2017, 2019년 1883 바텐더 챔피언십 1위 수상지도, 최우수 지도자상 수상
2019년 대구음식관광박람회 칵테일대회 1, 2, 3, 6위 수상지도, 지도자상 수상
2019년 코리아푸드&베버리지긴디빌 칵테일대회 1위 우승지도, 최우수 지도자상 수상
2014~2016년 모닌컵 코리아 바텐더챔피언십 한국대표선발전 2회 연속 우승지도
2016년 모닌컵 코리아 바텐더챔피언십 한국대표선발전 1, 2, 4, 5위 수상지도
2018년 제 14회 일본 아와모리 4개국 칵테일챌린지 아시아컵 2, 4위 수상지도
2017 제 13회 일본 아와모리 4개국 칵테일챌린지 아시아컵 2위 수상지도
2012, 2015, 2017, 2019 전국학생 소믈리에대회 1위 우승지도, 우수 지도자상 수상

〈자격사항〉
2017, 2019 글렌피딕 위스키 바텐더대회 한국대표 선발전 심사위원
2019 푸드앤베버리지 컨티벌 칵테일부문 심사위원
2019 제 1회 바셰프 믹솔로지 컴피티션 한국대표선발전 심사위원
2018 월드클래스 코리아 바텐더대회 한국대표선발전 심사위원
2017 제임슨 아이리쉬 위스키 바텐더대회 한국대표선발전 심사위원
2017 강원명주 칵테일 페스티벌 국가대표선발전 기획 및 총괄운영
대한민국 베스트 BAR TOP 50 선정 전문위원
2012~2018년 국제코리안컵 칵테일대회 기획 및 심사위원
2014 모닌컵 코리아바텐더 챔피언십 심사위원
2013 코리아 그랜드 마토니 바텐더 챔피언십 심사위원
2020 직업훈련교사 자격증

〈방송활동 및 그 외〉
월간주류 진, 럼, 보드카, 데킬라 시음회 진행 및 특별강의
문화센터, 기업체, 레스토랑, 바 등 와인, 칵테일 특강 및 컨설팅
발포비타민 소나비타(SONAVITA) 음료개발 담당
한국케이블 TV 나라방송 ‘잡(job)아라’ 소믈리에편 출연
 ‘La Main 라망’ 매거진 칵테일 특집 촬영
 ‘La Main 라망’ 매거진 와인 칼럼니스트
YTN science(판도사공문) ‘술’에 관한 인터뷰 및 칵테일 실험촬영

〈저서 및 논문〉
2016년 : 우리술 조주사 쉽게 따기(한국바텐더협회)
2016년 : 호텔레스토랑 식음료서비스론, 개정판(백산출판사)
2014년 : 와인 & 소믈리에 Wine & Sommelier, 개정판(백산출판사)
2014년 : 조주기능사 필기 쉽게 따기(백산출판사)
2014년 : 칵테일 & 바텐더 Cocktail & Bartender(백산출판사)
2014년 : 조주기능사 쉽게 따기(한국바텐더협회)
2014년 : 소믈리에 자격증 쉽게 따기(한국바텐더협회)
2007년 : 호텔식음료부분의 선택속성에 따른 관계지향요인에 관한 연구

〈연락처〉
이메일 : manager12@hanmail.net

저자와의
합의하에
인지첩부
생략

Cocktail & Bartender

2014년 2월 15일 초 판 1쇄 발행
2020년 2월 25일 개정판 2쇄 발행

지은이 원홍석
감   수 성중용
펴낸이 진욱상
펴낸곳 백산출판사
교   정 편집부
본문디자인 오양현
표시디자인 오정은

등   록 1974년 1월 9일 제1-72호
주   소 경기도 파주시 회동길 370(백산빌딩 3층)
전   화 02-914-1621(代)
팩   스 031-955-9911
이메일 edit@ibaeksan.kr
홈페이지 www.ibaeksan.kr

ISBN 978-89-6183-846-7 93570
값 27,000원